FRED&OTTO

Markus Bötefur

Stadtführer für Hunde

FRED & OTTO

Unterwegs in Münster

und dem Münsterland

FRED & OTTO

Impressum

Bibliografische Informationen der Deutschen Nationalbibliothek
Die Deutsche Nationalbibliothek verzeichnet diese Publikation in der Deutschen Nationalbibliografie; detaillierte bibliografische Daten sind im Internet über http://dnb.d-nb.de abrufbar.

ISBN: 978-3-95693-006-5

Grafisches Gesamtkonzept, Titelgestaltung, Satz und Layout: Stefan Berndt – www.fototypo.de

www.fredundotto.de

Illustration: Leandro Alzate (www.leandroalzate.com)

Abbildungsverzeichnis

Markus Bötefür: S. 12 (oben links), S. 12 (oben rechts), S. 12 (unten links), S. 12-13 (unten), S. 13 (oben), S. 13 (rechts unten), S. 14 (oben links), S. 14 (Mitte links), S. 14 (unten links), S. 14-15 (oben), S. 14-15 (unten), S. 15 (oben rechts), S. 15 (Mitte rechts), S. 15 (unten rechts), S. 16-17, S. 25, S. 26, S. 31, S. 40-41, S. 55, S. 61, S. 62-63, S. 67, S. 69, S. 76-77, S. 81, S. 85, S. 88, S. 90, S. 92, S. 96, S. 97, S. 98-99, S. 105, S. 107, S. 108-109, S. 117, S. 118-119, S. 123, S. 128, S. 135, S. 136, S. 138-139, S. 143, S. 150, S. 151, S. 153, S. 154, S. 159, S. 162-163, S. 171, S. 175, S. 176-177

Tobias Grundig: S. 21; Dr. Silke Wechsung: S. 23; Tierfreunde Münster e. V.: S. 29; Freundeskreis Bruno Pet e. V.: S. 33; Michael Pickert: S. 34, S. 35, S. 37; Alexander Schug: S. 39; Wikimedia Commons (Lizenz: CC BY 2.0), Jason Meredith: S. 44; Adrian Lieb: S. 45; Wikimedia Commons (Lizenz: CC BY-SA 3.0), Marianne Birkholz: S. 47; Adrian Lieb: S. 49, 50; Oliver Preß: S. 53; Futterhilfe-Münster e.V.: S. 56; Wunschfutter: S. 59; Adrian Lieb: S. 74; Karin Klümper: S. 83; Alexander Schug: S. 86; Mona Oellers: S. 94, Tasso e. V.: S. 113, 115; Alexander Schug: S. 125, Frauke Vaqué: S. 130, 131; Nina Weiche: S. 145; Svenja Ache: S. 146, 147, S. 148, S. 149; Monika Volbracht: S. 155, Anne Rademacher: S. 157, Beate-Bettina Schuchardt: S. 167, Adrian Lieb: S. 173

Inhalt

Vorwort **8**

Stadt & Hund **11**
Ein fotografischer Streifzug

Züchter, Tierheim & Co. **19**
Wie gut passen Mensch und Hund zusammen? 20
Interview mit der Psychologin Dr. Silke Wechsung
Weshalb einen Hund vom Züchter kaufen? 25
Im Gespräch mit den Züchtern Melanie und Sven Albrecht
Münster und Miercurea Ciuc verbindet mehr als der Anfangsbuchstabe 28
Wie die Tierfreunde Münster bei der Vermittlung rumänischer Straßenhunde helfen
„Der schaut so süß…" 30
Hunde aus dem Tierheim
Über die Grenzen hinaus 32
Der Tierschutzverein Bruno Pet e.V. rettet rumänische Straßenhunde
Eine zweite Chance für Jagdhunde 34
Zu Besuch bei den Jagdgefährten
Kostenfalle Hund? 38
Worauf vor der Anschaffung eines Hundes zu achten ist

Futter & Philosophie **43**
Liebe geht durch den Magen 44
Fresschen für Frieda & Bello
Hirsebrei statt Pansenschmaus 48
Veganismus für Karnivoren
Keine Knochen für Jochen 51
Interview mit einem Überzeugten
Tierversuchsfreies Futter für Fellnasen 54
Eine junge Firma aus Recklinghausen geht neue Wege
Futter als soziale Hilfe 56
Die Futterhilfe Münster unterstützt bedürftige Tierhalter
Wunschlos glücklich? 58
Ein Dortmunder Futterhersteller verspricht Transparenz beim Hundefutter
Der Hund ist, was er frisst 60
Fertigfutter in der Kritik

Sitz & Platz **65**
Treue Begleiter 66
Wie aus Petra und Jack ein eingespieltes Team wurde

Erziehung ohne Bestechung 68
Wie der Hundetrainer Ralf Lügger seinen Klienten den Hund erklärt

Checkliste: Woran erkennt man eine gute Hundeschule? 71

Gelber Hund im Münsterland 72

Geschafft! Der Hund ist müde 73
Beschäftigungstipps für den alltäglichen Spaziergang

Gassi & Co. 79

Ab ins Grüne 80
Gassistrecken im Münsterland

Aufgepasst! 85
Gefahren beim Baden

Kutschfahrt für Fellnasen 87
In Heiden holt die Gassikutsche Vierbeiner von zu Hause ab

Checkliste: Hundetagesstätte 89

Tatort Münsterland 90
Konflikte beim Gassi gehen

Drei Schritte zum Cooldown 93

Mit dem Hund unterwegs im Münsterland 95
Was man wissen sollte

Gesetz & Ordnung / Politik & Soziales 101

Der Hund als Dukatenesel 102
Wie und wo Herrchen und Frauchen im Münsterland abgezockt werden

Der Wald- und Flurknigge 104
Worauf Hundehalter in der Natur achten sollten

Grenzenlose Freiheit? 106
Hundehaltung im Fokus von Gesetz & Ordnung

Versicherung & Schutz 111

Gut versichert?! 112
Versicherungen für Hunde

Vermisst & Gefunden 113
Der Verein Tasso hilft seit über 30 Jahren

Auf und davon 116
Was tun, wenn mein Hund wegläuft?

Gesundheit & Wellness 121

Zu Risiken und Nebenwirkungen ... 122
Was ein Hundehalter über die Gesundheit seiner Fellnasen wissen sollte

Erste Hilfe für Hunde 125
Wissenswertes für den Notfall

Naturheilkunde für Hunde 127
Im Gespräch mit der Tierheilpraktikerin Sabine Schulten

Feingemacht für die Gesundheit 130
Grooming erobert die Hundesalons

Woran erkennt man einen guten Hundesalon? 133

Bachblüten bei Silvesterangst 134
Sanfte Medizin begeistert immer mehr Tierbesitzer

Beißende Tierchen 136
Zecken – Gefährliche Quälgeister

Shopping & Lifestyle / Leben & Arbeiten 141

Akademische Hunde 142
Wie Studenten Ausbildung und Hund unter einen Hut bekommen

Kinder brauchen Hunde 144
Das Projekt Kind und Hund

Magische Momente 146
Hundefotografie der Extraklasse in Münster

Misswahl in der Messehalle 150
Die Messe DOGLIVE in Münster

Suchen, finden und bellen 152
Furchtlose Retter in Coesfeld

Die Hundenase 155

Natürliche Schönheit kommt von innen 156
Die Feine Dame in Münster

Pudel mit Nasensonar 158
Ein Besuch bei den DLRG-Rettungshunden

Gott & die Hundewelt / Trauer & Tod 165

Wenn es an der Zeit ist 166
Tiere im Sterben begleiten

Abschied vom besten Freund 170
Ein Schulmediziner berichtet

Was tun, wenn der geliebte Vierbeiner gestorben ist? 172
Überlegungen über das Hundeleben hinaus

Alles für Daisy 174
Wie man nach seinem Tod für den Hund sorgt

Infos & Adressen 179

Rabattmarken 185

VOR WORT

„FRED & OTTO unterwegs in Münster und dem Münsterland“ ist ein Stadtführer für Hundehalter, der nicht nur jede Menge Informationen beinhaltet, sondern auch aktuelle Fragen rund um den Hund diskutiert.

Hierin finden Sie interessante Beiträge, Interviews und Kommentare zu den verschiedensten Hundethemen: beginnend bei der Anschaffung eines Hundes, über Erziehung und Ernährung, Lifestyle und Hundepolitik bis hin zur Sterbebegleitung.

Die westfälische Hundewelt ist facettenreich und spannend. Es gibt verschiedene Rassen und Promenadenmischungen mit ganz individuellen Lebensgeschichten, die mal lustig und erheiternd sind, aber auch manchmal traurig, oder sie regen zum Nachdenken an. Doch ganz gleich, wie die westfälischen Hunde so drauf sind, es ist oft leichter gesagt als getan, das gemeinsame Leben mit ihnen zu organisieren.

Mit diesem Stadtführer für Hunde wollen wir Ihnen die Orientierung erleichtern: Sie finden hier viele nützliche Tipps, Adressen und Expertenbeiträge. Darüber hinaus möchten wir Sie natürlich auch dazu anregen, das Stadtleben in Münster und dem Münsterland (noch besser) kennenzulernen und vielleicht ganz neu zu entdecken.

Neben den vielen tollen Anregungen, Informationen und Einblicken, die dieser Stadtführer für Hunde bietet, haben wir sehr viel Wert darauf gelegt, dass das Buch auch einen hohen Nutzwert hat, beispielsweise durch Rabattcoupons unserer Partner, mit denen Sie Geld sparen können, oder auch durch den beigelegten Hunde-Stadtplan. Die vielen tollen Bilder Münsterländer Stadthunde machen dieses praktische und nützliche Buch zudem zu einem sehr schönen Buch, das, womöglich auch von Ihnen, gerne zur Hand genommen wird.

Das Konzept der Stadtführerreihe für Hunde entwickelte der Berliner Verleger Alexander Schug. Als frischgebackener Hundehalter fragte er sich: Was kann man in einer Stadt mit seinem Hund alles so unternehmen und worauf sollte man besser verzichten? Welche Gesetze gibt es, die im Alltag mit dem vierbeinigen Gefährten wichtig sind? Wohin darf ich meinen Hund mitnehmen und wohin besser nicht? Wo finde ich geeignete Ansprechpartner, wenn ich Fragen im Bereich Erziehung, Ernährung oder Gesundheit habe? Im Gespräch mit anderen Hundebesitzern tauschte er sich aus und erfuhr dabei so manchen Geheimtipp.

Markus Bötefür und Theo

Herausgekommen ist ein Buch, das Ihnen in gebündelter und übersichtlicher Form verschiedene Themen, Angebote und Möglichkeiten präsentiert, die für Münsterländer Hundebesitzer sowie für Urlauber, die mit Ihrem Hund in der Region unterwegs sind, sehr interessant sein können.

Da in einer Stadt nicht nur viele Menschen, sondern auch Hunde, auf engsten Raum zusammenleben und miteinander auskommen müssen, ist es wichtig, sich mit seiner Umwelt und den Gesetzmäßigkeiten auseinanderzusetzen. In diesem Sinne soll das Buch auch dazu anregen, sich mit seinem Hund rücksichtsvoll in der Stadt zu bewegen, Verantwortung zu übernehmen und Konflikte, die sich oft nicht vermeiden lassen, zu schlichten – aber auf jeden Fall sollten Sie die gemeinsame Zeit mit Ihrem Hund genießen, Freude an der Natur und an dem Leben im Münsterland haben!

An dieser Stelle sei ausdrücklich allen gedankt, die wir interviewen und fotografieren durften. Bedanken wollen wir uns auch bei all denen, die uns ihre Geschichten erzählt und uns ihre (Geheim) Tipps verraten haben – und somit Teil dieses Stadtführers geworden sind. Dieses Buch, das wir mit Hingabe gemacht haben, ist ein buntes Kaleidoskop der Hundewelt im wunderschönen Münsterland.

Alles Gute und viel Spaß beim Lesen und Ausprobieren!

Markus Bötefür und Theo

(PS: … und wer sich fragt, wer Fred ist … also das ist so: Otto ist eigentlich ein Einzelhund. Wir dachten aber, dass Otto noch einen besten Kumpel braucht, mit dem er durch die Stadt streift – und so kam in Gedanken Fred dazu, ein kleiner Terrier, mit dem Otto nun die Welt erobert. FRED & OTTO hört sich natürlich viel besser an. Otto allein zu Haus ging ja nicht. So, und jetzt wissen Sie, weshalb FRED & OTTO FRED & OTTO heißt!)

Stadt & Hund

Seht auf die Hunde des Münsterlandes! Große und kleine, freche und wohlerzogene, alte und junge. Hunde gehören zum Münsterland. Sowohl in den Städten als auch auf dem Lande sind Fellnasen nicht mehr wegzudenken. Eine große und eine kleine Hunderasse sind sogar nach der Region benannt. Hunde gibt es im Münsterland seit Jahrhunderten. Sie sind Teil unserer Kultur und fester Bestandteil unseres Stadt- und Landlebens. Zum Einstieg ein fotografischer Streifzug durch die hündische Welt zwischen Niedersachen, Nordrhein-Westfalen und Holland.

Grimmige Schnauzer-Wachposten an einem Messestand in der Westfalenhalle

Barry ist mit seinem neuen Harrschnitt wieder schick genug für die Münsteraner Innenstadt

Sommerfrische auf einer der vielen Wiesen des Münsterlandes

Dieser sommerliche Schnappschuss einer glücklichen Mensch-Hund-Beziehung gelang unserem Fotografen auf einer der vielen Parkbänke des Münsterlandes im Wonnemonat Mai

Päuschen auf einer Parkbank am Dortmund-Ems-Kanal

Mittagsruhe im Kofferraum. Diese stattliche Dogge bezog ihr vorrübergehendes Domizil auf einem Parkplatz in Borken

Münsteraner Stadthunde haben den Durchblick. Zugegeben: Manchmal nur für einen Schnappschuss

Andy, der Frontmann von Little Dead Boy, und Ashley sind alte Freunde. Im Park trifft man sich auch mal ohne musikalische Untermalung

Treckerfahren mit Hund in Bocholt

Beim Soundcheck freue sich die Münsteraner Reggae-DJs über den Besuch eines vierbeinig Fans

Diese zwei übermüdeten Bordeauxdoggen gingen unserem Fotografen nach dem Mittagessen im Hundehotel in Heiden vor die Linse

Der Boxerrüde Nero bewacht eines seiner Fundstücke in der Innenstadt von Borken

Stolze Ausstellerin auf der Hundemesse in Dortmund

Zwei Wolfshunde schauen auf der Hundemesse in Münster etwas verdutzt in die Linse unseres Fotografen

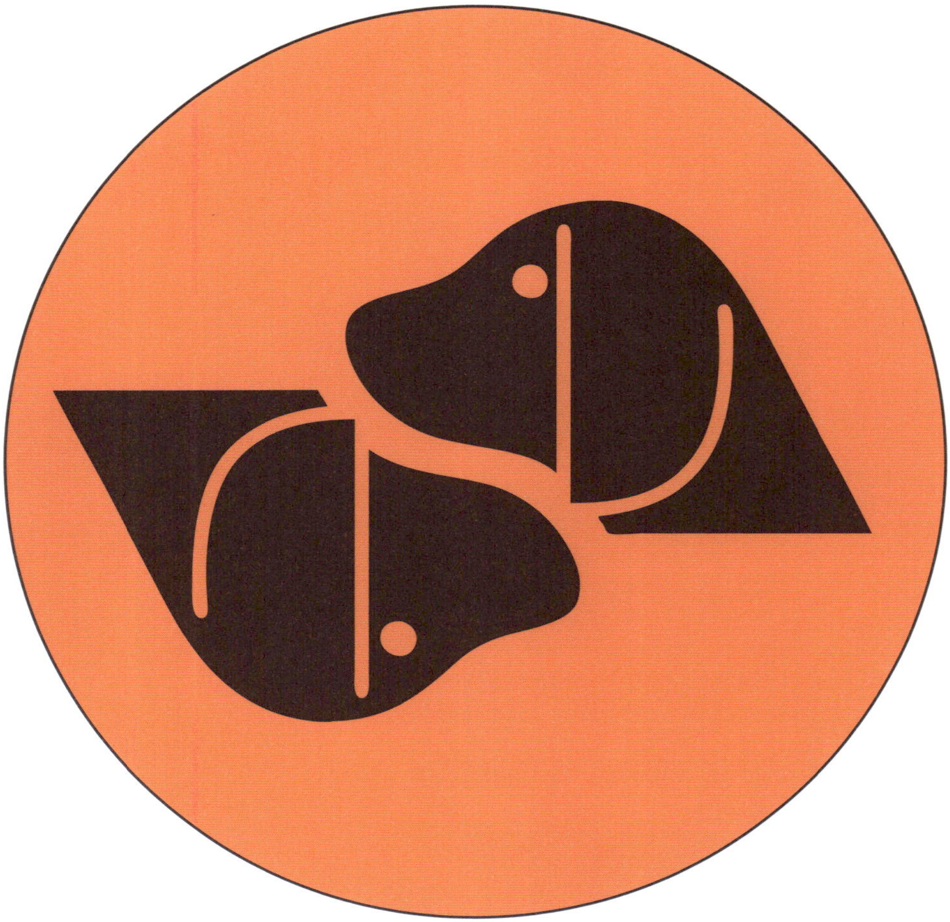

Züchter, Tierheim & Co.

Woher bekommt man einen Hund? Wir haben uns umgesehen und mit verschiedenen Leuten gesprochen, die für Welpen und erwachsene Hunde ein geeignetes Zuhause suchen: Züchter, Tierheimmitarbeiter und Menschen, die Hunde aus Auffangstationen im Ausland nach Deutschland vermitteln. Was hier wichtig ist: Niemand sollte sich allein von seinem „guten Herzen" leiten lassen und aus reinem Mitleid überstürzt Fellnasen aus Südeuropa und anderen Ländern adoptieren. Denn ein Hund, der unter erbärmlichen Zuständen „in die Welt geworfen" wird, zudem vielleicht auch noch krank ist und/oder unter Verhaltensproblemen leidet, erweist sich nicht immer als der Begleiter, den sich der Mensch vielleicht wünscht. Einen Hund zu bekommen, ist jedoch nicht nur eine Frage der richtigen und vertrauensvollen „Quellen". Zuallererst sollte man für sich klären: Ist ein Hund überhaupt das richtige Haustier für mich? Und: Wenn ja, welcher Hund würde zu mir und meiner Familie, und vor allem zu meinen Lebensgewohnheiten am besten passen? Welchen Anspruch habe ich an meinen vierbeinigen Gefährten und wie viel Zeit, und natürlich auch Geld, bin ich ein Hundeleben bereit, in ihn zu investieren?

Wie gut passen Mensch und Hund zusammen?

Interview mit der Psychologin Dr. Silke Wechsung

Wir alle kennen die Geschichten von spontanen Hundekäufen. „Der war soooo süß!", heißt es dann – doch leider ist es mit der Freude bei einigen Menschen schnell vorbei. Hilfsorganisationen und Tierheime können ein Lied davon singen: so schwappt gerade nach Weihnachten – in jährlicher Regelmäßigkeit – eine Welle von Tieren auf sie zu, die nach den Festtagen dann doch „ganz plötzlich" nicht mehr in den Alltag passen. Wir haben uns gefragt: Was motiviert Menschen eigentlich dazu, sich einen Hund anzuschaffen? Und ist es möglich, verschiedene Hundehaltertypen zu unterscheiden?

Wir sprachen dazu mit Dr. Silke Wechsung, Mitarbeiterin in der Forschungsgruppe Psychologie der Mensch-Tier-Beziehung an der Universität Bonn.

Was genau war der Anlass für Ihre Forschungen?

Ich habe als Psychologin viele Jahre über zwischenmenschliche Beziehungen geforscht und dabei z. B. die Frage untersucht, wann Menschen in Beziehungen glücklich sind und was eine gute Partnerschaft ausmacht. Als Hundebesitzerin habe ich mir dann häufiger die Frage gestellt, was eigentlich eine gute Mensch-Hund-Beziehung ausmacht und wie man einen guten von einem schlechten Hundehalter unterscheiden kann. Und da bis dato keine wissenschaftlichen Untersuchungen zu diesem Thema vorlagen, habe ich an der Universität Bonn ein Forschungsprojekt zu diesem Thema begonnen. In Bonn gab es durch Herrn Professor Bergler bereits eine langjährige Tradition, die Mensch-Tier-Psychologie intensiv zu erforschen. Meine Untersuchungen haben dann die schon vorliegenden Studien um ganz neue Erkenntnisse ergänzt.

Wenn Sie für Otto Normalverbraucher mal kurz zusammenfassen: Was sind die wichtigsten Ergebnisse?

In unserem Forschungsprojekt haben wir herausgefunden, dass ausschließlich die Einstellungen und Verhaltensweisen von Hundehaltern darüber entscheiden, ob sich eine gute oder eine weniger gute

Die Motive für die Anschaffung eines Hundes können sehr unterschiedlich sein

Mensch-Hund-Beziehung entwickelt. Hundehalter, die sich wenig Gedanken über die Beziehung zu ihrem Hund machen – und das beginnt schon im Vorfeld der Anschaffung –, die sich sowohl anderen Menschen als auch Tieren gegenüber egoistisch und verantwortungslos verhalten, werden es schwer haben, eine gute Beziehung zu ihrem Heimtier aufzubauen. Genauso aber auch Menschen, die ihren Hund mit Erwartungen überfrachten, als Kind- oder Partnerersatz missbrauchen und übertrieben glorifizieren. Neben den Anschaffungsmotiven und den Einstellungen des Halters spielen natürlich auch der alltägliche Umgang mit dem Hund und die Erziehung eine große Rolle. Völlig unwichtig ist wiederum die Halter-Demographie, d.h., ob der Halter beispielsweise auf dem Land oder in der Stadt wohnt, ob er einen Garten hat oder in einer kleinen Mietwohnung lebt, ob er berufstätig, männlich oder weiblich ist usw.

Ob Menschen und Hunde harmonisch und konfliktfrei zusammenleben und tatsächlich gut zueinander passen, liegt unserem Forschungsprojekt zufolge einzig in der Verantwortung der Hundebesitzer. Wie unsere Ergebnisse zeigen, hat sich jedoch knapp ein Viertel aller Hundehalter, d.h. über eine Million der Hundebesitzer in Deutschland, unzureichend mit der Spezies Hund und ihren arteigenen Bedürfnissen auseinandergesetzt.

Sie haben ja verschiedene Typen von Hundehaltern ausgemacht. Was versteckt sich hinter so einer Typologie? Oder anders gefragt: Aus welcher Motivation wollen Menschen Hunde heute halten?

Menschen unterscheiden sich darin, warum sie Hunde halten. Den Hundehalter gibt es nicht, ebenso wenig gleiche Motive, warum man sich einen Hund anschafft. So vielfältig wie die unterschiedlichen Hunderassen und deren Unterschiede in Größe, Aussehen und rassespezifischen Bedürfnissen, so verschieden sind inzwischen auch die Funktionen und die Beweggründe der Halter, sich einen Hund anzuschaffen. Hunde müssen heute meistens ganz unterschiedliche Funktionen erfüllen, vom Kindersatz und Sportobjekt bis hin zur lebenden Alarmanlage, da gibt es die unterschiedlichsten Spielarten. Auch wenn Hunde oftmals in der Lage sind, die vielseitigen Ansprüche ihrer Besitzer zu erfüllen, wird so mancher Vierbeiner mit unerfüllbaren Erwartungen konfrontiert: „Sei gleichzeitig Wachhund, wenn es drauf ankommt, freue dich aber über jeden erwünschten Besucher“. Das führt in der Konsequenz nicht selten zu Problemen in der Mensch-Hund-Beziehung.

Wir haben drei unterschiedliche Halter-Typen ermittelt, die sich grundlegend in ihren Anschaffungsmotiven, ihrem Lebensstil und ihrem Beziehungsverhalten unterscheiden. Das sind der „prestigeorientierte, vermenschlichende Hundehalter“ (22 Prozent aller Hundehalter), der „auf den Hund fixierte, emotional gebundene Hundehalter“ (35 Prozent der Hundehalter) und der „naturverbundene, soziale Hundehalter“ (43 Prozent).

Wie unsere Studien zeigen, passt es am besten, wenn Menschen Erwartungen an ihre Hunde stellen, die gut mit den Bedürfnissen von Hunden harmonieren. Seine Naturverbundenheit ausleben, viel draußen unterwegs sein, sich aktiv mit dem Hund zu beschäftigen und einen „tierischen“ Partner zu gewinnen, der uns begleitet – das z. B. sind Motive zur Hundehaltung, die sich mit den artspezifischen Bedürfnissen von Hunden gut vereinbaren lassen.

Wird der Hund mit Ansprüchen konfrontiert, die sich nicht mit seinen eigenen Bedürfnissen und arttypischen Verhaltensweisen vereinbaren lassen, ist ein negativer Einfluss auf die Mensch-

Hund-Beziehung unvermeidbar. Verhaltensprobleme beim Hund sind häufig die Folge nicht hundgerechter Forderungen seines Menschen.

Ist Ihre Studie auch ein Plädoyer dafür, sich genauer Gedanken darüber zu machen, ob und welche Hunde angeschafft werden?

Die Reflektion im Vorfeld entscheidet ganz maßgeblich darüber, ob Mensch und Hund später zusammenpassen. Wie unsere Studien zeigen, ist für viele Menschen das Aussehen des Hundes ein ganz entscheidendes Auswahlkriterium. Hunde, die jedoch nur aufgrund ihres Aussehens und unabhängig von ihren rassespezifischen Bedürfnissen ausgewählt werden, werden meist nicht artgerecht gehalten und oftmals unter- oder überfordert. Diejenigen, die eine gute Mensch-Hund-Beziehung aufbauen, haben sich selbst zuvor genau geprüft und sich auch mit den verschiedenen Rassemerkmalen auseinandergesetzt. Spontankäufe sind absolut zu vermeiden. Schließlich lebt man mit einem Vierbeiner die nächsten 15 Jahre zusammen.

Dr. Silke Wechsung forscht über die Mensch-Hund-Beziehungen

Schon bei der Auswahl des passenden Hundes suchen verantwortungsbewusste Hundehalter nach einem Hund, der von seinem Bewegungsdrang gut zu ihrer eigenen Konstitution passt. Ein guter Hundehalter, der sportlich sehr aktiv ist und mit seinem Hund wandern oder joggen gehen will, sucht sich entsprechend einen lauffreudigen, jungen und gesunden

Hund aus. Ein guter Hundehalter, der weniger aktiv und eher unsportlich ist, wählt einen Hund aus, der aufgrund seiner rassebedingten Anlagen ebenfalls weniger Auslastung braucht oder aufgrund gesundheitlicher Einschränkungen nicht mehr extrem belastbar ist.

Bereits vor der Anschaffung eines Hundes zeigen sich deutliche Unterschiede im Verhalten der zukünftigen Hundehalter. Die einen entscheiden sich ganz spontan für einen Hund und machen sich im Vorfeld wenig Gedanken über ein Leben mit Hund. Andere überlegen sich manchmal sogar jahrelang, ob sie die Verantwortung für einen Hund tatsächlich langfristig übernehmen wollen. Sie kaufen einen Hund auch nicht irgendwo, sondern recherchieren, welcher Hund bzw. welche Hunderasse am besten zu ihren Ansprüchen und Vorstellungen passt. Solche Hundehalter prüfen auch den Hundezüchter bzw. Tiervermittler ganz genau, bevor sie dort einen Hund erwerben.

Sie stellen Ihr Wissen ganz praktisch zur Verfügung. Das Ergebnis ist Ihr Mensch-Hund-Beziehungscheck. Was wird da gecheckt und wie hilft mir der Test?

Wissenschaftliche Erkenntnisse sind dann gut, wenn sie sich auch in der Praxis anwenden lassen. Wir haben in der Forschungsstudie über 40 Faktoren bei Hundehaltern ermittelt, welche die Beziehungsqualität beeinflussen. Im Mensch-Hund-Check (www.mensch-hund-check.com) kann nun jeder interessierte Hundehalter testen, wie er sich im Vergleich zu den Hundehaltern verhält, die in unserer Untersuchung eine nachweislich gute Mensch-Hund-Beziehung aufgebaut haben. So kann jeder Teilnehmer erfahren, was in seiner Mensch-Hund-Beziehung bereits gut läuft und in welchen Bereichen möglicherweise Optimierungspotenziale bestehen.

Literaturtipp

„Die Psychologie der Mensch-Hund-Beziehung – Dreamteam oder purer Egoismus?" von Silke Wechsung, Cadmos Verlag, www.cadmos.de. Auf 144 Seiten werden Themen wie die Mensch-Hund-Beziehung im zeitlichen Wandel, Erkenntnisse aus der psychologischen Beziehungsforschung, aber auch der aktuelle Forschungsstand zur Mensch-Hund-Beziehung sowie die Ergebnisse des Forschungsprojekts dargestellt.

Mehr Information

Den Mensch-Hund-Check von Dr. Silke Wechsung finden Sie im Internet unter:

www.mensch-hund-check.com

Weshalb einen Hund vom Züchter kaufen?

Im Gespräch mit den Züchtern Melanie und Sven Albrecht

Hunde vom Züchter können recht teuer sein. Was bekomme ich für mein Geld? Lohnt es sich überhaupt, einen Rassehund vom Züchter zu kaufen? Wodurch sind die hohen Züchterpreise gerechtfertigt? Wir besuchten eine Familie im Münsterland, die sich ganz und gar der Doggenzucht verschrieben hat.

Rassehunde vom Züchter sind nicht billig. Je nach Größe der Hunde kommen auf den zukünftigen Halter nach der Anschaffung auch erhebliche Unterhaltskosten zu

Ein Hund vom Züchter hat seinen Preis. Zwischen 1.000 und 1.800 Euro müssen für einen Rassehund schon investiert werden. Über die Anschaffungskosten hinaus sollte man sich vorab auch über die Folgekosten informieren. Je nach Größe des Hundes kann selbst die Ernährung schon ein erhebliches Loch in die Familienkasse schlagen: „Die Futterkosten für eine Deutsche Dogge belaufen sich auf rund 100 Euro pro Monat. Einen Rehpinscher kann man da wesentlich preisgünstiger ernähren“, sagt Melanie Albrecht, die seit 2007, zusammen mit ihrem Mann, in Heiden bei Borken Doggen züchtet und von Kindheit an von dieser Rasse fasziniert ist, weshalb ein spartanisch fressender Pinscher für sie auch nie in Frage käme. „Hundezucht muss man mit dem Herzen betreiben. Es ist kein lohnendes Geschäft. Und wer es zum Geldverdienen machen möchte, der sollte sich lieber eine andere Beschäftigung suchen“, fährt sie fort und erklärt: „Wer eine Dogge von uns bezieht, der erhält einen Welpen aus ei-

Auch die größte Dogge hat einmal klein angefangen: Diese niedlichen Welpen sind eine Woche jung, aber schon größer als ausgewachsene Meerschweinchen

ner kontrollierten Zucht, in der besonderer Wert auf Gesundheit und Wesen der Tiere gelegt wird. Unsere Welpen sind tierärztlich untersucht, geimpft und gechipt. Das alles kostet viel Geld. Vor ein paar Jahren bekam ein ganzer Wurf Zwingerhusten und die Tierarztkosten fielen dermaßen hoch aus, dass wir nach dem Verkauf der Welpen noch Geld zulegen mussten, was uns aber nicht störte, denn wir leben nach dem Motto „Einmal Doggen, immer Doggen".

Im Alter von zwei Monaten können die Welpen nach den Bestimmungen des Tierschutzgesetzes abgegeben werden. Familie Albrecht trennt sich meist nach neun Wochen von ihren Nachkommen, die dann bereits zehn Kilogramm auf die Waage bringen. „Neun Wochen alte Welpen eignen sich wunderbar zum Einzug in eine neue Familie, denn so kann die Prägephase optimal genutzt werden", erklärt Melanie Albrecht. Probleme, genügend Abnehmer für ihre Welpen zu finden, hatten die Züchter aus Heiden noch nie. Doggen stehen laut einer Untersuchung des Verbandes für das Deutsche Hundewesen auf Platz fünf der Beliebtheitsskala bei deutschen Hundehaltern. Trotz ihrer Größe – Welpen wiegen bei ihrer Geburt rund 800 Gramm, ein ausgewachsenes Exemplar das 80 bis 100-fache – sind sie sehr gutmütige Tiere und eignen sich daher bestens zum Umgang mit Kindern und gebrechlichen bzw. alten Menschen. „Die Dogge denkt, sie sei ein zu groß geratener Schoßhund, deshalb eignet sie sich sehr gut als Familien- und Begleithund“, erklärt die Züchterin ihren Erfolg, der sich bislang in einer Reihe von nationalen und internationalen Preisen für ihre Nachkommenschaft spiegelt.

Woran erkennt man einen guten Züchter?

Für die Doggen aus Heiden gilt dasselbe wie für alle anderen Hunde aus Rassezuchten: Kein Züchter kann garantieren, dass seine Welpen geistig und körperlich kerngesund bleiben, aber er kann durch strenge Kontrolle der Elterntiere optimalen Voraussetzungen dafür schaffen, dass die Welpen in allen Anlagen dem Rassestandard entsprechen. Aber anfallende Tierarztkosten über den üblichen Jahrescheck hinaus sind auch beim Hund vom Züchter nicht auszuschließen.

Ein gutes Bewertungskriterium, um gute von schlechten Hundezüchtern zu unterscheiden, ist die Mitgliedschaft des Züchters im Verband für das Deutsche Hundewesen (VDH). Der Verband schreibt strenge Zuchtvorgaben bezüglich Gesundheit, Wesensfestigkeit und optischem Erscheinungsbild vor. Diese Kriterien werden bei den Elterntieren regelmäßig von unabhängigen Gutachtern überprüft; so muss z. B. die Zuchthündin eine Zuchttauglichkeitsprüfung (ZTP) vorweisen können.

Mindestens genauso entscheidend bei der Wahl des Züchters sollte es aber auch sein, den Zwinger zuvor zu besuchen und sich anzuschauen, wie und wo die Welpen aufwachsen.

Einen seriösen Züchter können Sie unter anderem daran erkennen:

- er züchtet in einem dem VDH angeschlossenen Zuchtverein;
- er kann Ihnen einen langen Stammbaum und die Papiere der Elterntiere zeigen;
- er wird Ihnen die Elterntiere zeigen und Ihnen Gelegenheit geben, mehrfach während der ersten Lebenswochen Ihren neuen Vierbeiner zu besuchen;
- er wird interessiert daran sein, wo und wie sein Welpe sein zukünftiges Leben verbringen wird;
- er übergibt Ihnen den Welpen gechipt, vom Tierarzt untersucht und mit den entsprechenden Impfpapieren ausgestattet;
- auch nach dem Kauf wird er Ihnen gerne Hilfe leisten, sollte es Probleme geben;
- im schlimmsten Fall nimmt er den Welpen auch wieder zurück.

Melanie und Sven Albrecht

Velener Str. 66
46359 Heiden
Tel.: 02867-2230140
Mail: info@doggen-von-adamantium.de
Web: www.doggen-von-adamantium.de

Verband für das Deutsche Hundewesen (VDH)

Westfalendamm 174
44141 Dortmund
Tel.: 0231-565000
Web: www.vdh.de

Münster und Miercurea Ciuc verbindet mehr als der Anfangsbuchstabe

Wie die Tierfreunde Münster bei der Vermittlung rumänischer Straßenhunde helfen

Seit nunmehr über zehn Jahren läuft die mit großer Hingabe und Sorgfalt betriebene Tiervermittlung des Tierschutzvereins „Tierfreunde Münster“. Für diesen Zweck betreibt der gemeinnützige Verein seit 2001 ein eigenes kleines Tierheim am Rande von Münster. Das Ziel der Tierfreunde Münster ist es, den ihnen anvertrauten Schützlingen die Zeit des Aufenthalts so angenehm und stressfrei wie nur möglich zu gestalten.

In der Obhut des Vereins befinden sich neben Hunden auch Katzen, Kaninchen, Vögel und oft unterschiedlichste Kleinnager. Für den größten Teil der Tiere bedeutet „möglichst stressfrei“ die Haltung in kleinen Gruppen, um ihnen Vereinsamung und die daraus resultierenden Folgen zu ersparen. Besucher des Tierheims sind angesichts der vielen Pärchen und Kleingruppen in den Gehegen immer wieder angenehm überrascht und erfreut. Auch die Tiere – so hat es den Anschein – fühlen sich in den nach ihren Bedürfnissen gestalteten Räumen und Außenbereichen wohl. So haben Hunde und Katzen die Möglichkeit, an der frischen Luft herumzutollen oder sich in den behaglichen Innenräumen zurückzuziehen.

Ein Großteil der zu vermittelnden Hunde kommt aus der Hundeauffangstation in Mircurea Ciuc (Rumänien), die teilweise vom deutschen Verein "Freundekreis Brunopet" betrieben wird.

Selbstverständlich sind auch Hunde aus der Region im Tierheim willkommen, sofern ein Platz frei ist und sie sich in eine der Kleingruppen integrieren lassen. „Insgesamt“, so die Leiterin des Tierheims Mariette Junker, „sind die zu uns kommenden Hunde äußerst sozialverträglich und erweisen sich für aufnehmende Familien als absoluter Gewinn“.

Alle anfallenden Arbeiten werden im Tierheim durch ehrenamtliches Engagement der etwa 30 aktiven Mitglieder abgedeckt. Lediglich eine Tierpflegerin ist auf Mini-Job-Basis beschäftigt. Insofern ist der Verein immer auf der Suche nach neuen Mitstreitern, die bei der Tierpflege und Tierbetreuung, Fahrten zum Tierarzt und vielem mehr helfen möchten.

Finanziert wird die Arbeit des Vereins durch Mitgliedsbeiträge (18 Euro im Jahr) und Spendengelder. Öffentliche Zuschüsse erhält der Verein nicht. (Text: Manuela Borgschulte)

Mit Spaß an der Arbeit: Die „Tierfreunde Münster"

Über die Tierfreunde Münster:

Der Tierschutzverein der Tierfreunde Münster besteht seit 1983. Im Jahr 1995 erfüllte sich der Verein einen langersehnten Traum und erwarb ein eigenes Gelände mit einem abbruchreifen Gebäude – eine ehemalige Schule der niederländischen Streitkräfte. In den darauffolgenden Jahren wurden Gelände und Gebäude mit tatkräftiger Hilfe der Mitglieder komplett renoviert. Nach jahrelanger Arbeit konnte 2001 mit der Vermittlung der ersten Tiere begonnen werden.

Tierfreunde Münster Tierschutzverein e.V.

Kötterstraße 198
48157 Münster-Handorf
Tel.: 0251-325058
Fax: 0251-2841683
Mail: info@tierfreunde-ms.de
Web: www.tierfreunde-ms.de

Spendenkonto
Sparkasse Münsterland Ost
IBAN: DE38 4005 0150 0020 0024 24
BIC: WELADED1MST

„Der schaut so süß..."

Hunde aus dem Tierheim

Zu Beginn der Sommerferien sind die Zeitungen voll mit Berichten über Hunde, die an Autobahnraststätten ausgesetzt werden und dann in hoffnungslos überfüllten Tierheimen landen. Angesichts dieser Berichterstattung ist es nicht verwunderlich, dass viele Menschen glauben, die meisten Insassen würden via Autobahnrastplatz in den Tierauffangstationen landen. Tatsächlich ist es aber so, dass solche Geschichten eher die Ausnahme sind. „Die meisten Hunde landen im Tierheim, weil ihre Halter mit ihnen überfordert sind, oder sie sich das Zusammenleben mit dem Hund anders vorgestellt haben", erklärt Claudia Ernst, die sich im Kreis Borken um die Vermittlung von Tierheimhunden kümmert, und fügt an: „Es sind nicht immer herzlose Menschen, die sich von ihrem Vierbeiner trennen. Meist ist es so, dass Leute sich den falschen Hund angeschafft haben. Wenn eine kinderreiche Familie sich beispielsweise für einen Australian Shepherd entscheidet, so hat sie schon einen Schritt in eine völlig falsche Richtung gemacht. Australian Shepherds sind Hütehunde und folgen ihrem Trieb. Für die Familie kann es also sehr schnell recht nervig werden, wenn ihr Hund den ganzen Tag die Kinder als Schafherde betrachtet und zusammen treiben möchte. Am Schluss steht dann häufig die Trennung von der vormals so innig geliebten Fellnase. Hätte die Familie sich beispielsweise für einen Labrador entschieden, wäre womöglich eine Abgabe vermeidbar gewesen". Weil ehrenamtliche Helfer und Helferinnen in den Tierheimen des Münsterlandes über diese falsch verstandene Tierliebe informiert sind, bieten sie die Hunde nicht jedem und nicht ohne vorherige Prüfung an. „Die Tierheimbetreiber schauen sich an, welcher Mensch zu welchem Hund passt und umgekehrt. Einfach vorbei kommen und einen Hund mitnehmen, funktioniert in modernen Tierheimen nicht. Vor der Übergabe steht daher eine Phase des gegenseitigen Kennenlernens. Dabei dürfen zukünftige Hundehalter ihren Favoriten mehrfach Gassi führen und auch für einen oder mehrere Tage mit zu sich nach Hause nehmen", sagt Claudia, die selbst vier Hunde aus Tierheimen adoptiert hat und heute mit ihnen lebt. Auch bekommt niemand einen Hund umsonst. Jeder Interessent muss eine Schutzgebühr entrichten. Mit dieser Gebühr decken die Tierheime ihre Unkosten, die für Entwurmung, Impfen und Chippen des Hundes fällig werden. Die Höhe der Gebühr richtet sich in den meisten Tierheimen nach Al-

Wenn die Chemie zwischen Mensch und Hund stimmt, kann das Tierheim der Beginn einer wunderbaren Freundschaft sein

ter und Gesundheitszustand des Vierbeiners. So kostet im Tierheim Bocholt die Adoption eines kastrierten Hundes 280 Euro, während ein nicht kastrierter Hund für 230 Euro in liebevolle Hände abgegeben wird. Im Vergleich zu einem Hund vom Züchter ist das nicht viel Geld, wenn man bedenkt, dass man dazu noch ein gutes Werk tut. Ob man seinen Hund vom Züchter oder aus dem Tierheim holt, ist aber wohl auch eine Frage der persönlichen Einstellung und der momentanen Lebenssituation. Sich jedoch vorschnell von seinen Gefühlen leiten zu lassen und einen Hund zu adoptieren, nur weil er „so treu schaut", ist nicht unbedingt ein geeignetes Motiv für eine, auch längerfristig gelingende Mensch-Hund-Beziehung.

Über die Grenzen hinaus

Der Tierschutzverein Bruno Pet e.V. rettet rumänische Straßenhunde

Am Anfang waren es berufliche Stopps von Karina Handwerker in der rumänischen Provinz, genauer in der 40.000-Seelen-Stadt Miercurea Ciuc, einer Stadt im östlichen Teil der Region Siebenbürgen, mitten im Ciuc-Becken zwischen dem vulkanischen Harghita-Gebirge und dem Ciuc-Gebirge. Zwar ist das nach hiesiger Meinung ziemlich „jwd" und klingt nach einem unberührten, friedlichen Landstrich, aber dort gibt es – wie überall in Rumänien – ein großes Problem mit Straßenhunden. Die rumänische Stiftung „Fundatia Pro Animalia" errichtete dort 2001 zwar ein Tierheim, aber die Auffangstation der Fundatia leidet – wie die meisten „Tierheime" Rumäniens – an extremer Überfüllung, finanzieller Not und einem Mangel an Personal. Tierschutz ist nach europäischen Maßstäben eine heikle Angelegenheit.

Karina Handwerker hatte damals, kurz nach der Jahrtausendwende, von diesen Problemen erfahren. Die Essenerin packte selbst mit an. Zweimal transportierte sie privat Hunde aus dem Tierheim nach Deutschland. Das war die Initialzündung, um sich dem Verein Freundeskreis Bruno Pet e.V. anzuschließen. Sie ist heute ein aktives Vorstandsmitglied des Vereins Freundeskreis Bruno Pet e.V. und hat selbst zwei Hunde aus dem Tierheim in Miercurea Ciuc, die sie nicht mehr missen will. Der Verein ist ein Beispiel dafür, wie Tierschutzinteressierte zu Aktiven werden können und wie und in welcher Form Hilfen gegeben werden können. Der Verein sammelt Spenden, unterstützt das rumänische Tierheim und finanziert vor Ort Mitarbeiter des Tierheims, die sich vor allem um den Aufbau von sinnvollen Strukturen kümmern. Sinnvolle Strukturen aufbauen, so Karina Handwerker, heißt: die Tierarztpraxis des Tierheims bei Kastrationen wie auch Kastrationsaktionen des Tierärztepools (www.tieraerzte-pool.de) zu unterstützen. Das ändert die Lage nicht sofort, ist aber auf eine strukturelle Veränderung angelegt: Wenn sich die Tiere nicht mehr frei vermehren, wird irgendwann die Zahl der Straßenhunde abnehmen und die Notsituation des überfüllten Tierheims aufhören. Durch den Freundeskreis Bruno Pet e.V. werden aber auch Trockenfutter, Impfungen und Medikamente sowie das Markieren der Hunde finanziert.

Neuestes Projekt ist eine eigene Welpenstation, für die der Verein eine Mitarbeiterin finanziert. Die kümmert sich den ganzen Tag um die kleinsten Fellnasen, knuddelt sie auch mal und achtet auf die Ernährung. Mehr Welpen überleben seitdem, was gut

Straßenhunde werden in Rumänien systematisch getötet

ist – gleichzeitig aber auch den Druck vor Ort erhöht. Die Vermittlung der Tiere im In- und Ausland und die Aufklärung über Kastrationsaktionen, auch und vor allem für Hunde in privaten Haushalten in Mircurea Ciuc, spielt deshalb eine ganz wichtige Rolle. Nur dadurch kann das überfüllte Tierheim dauerhaft entlastet werden.

Die Arbeit des Vereins findet derzeit vor einem dramatischen Hintergrund statt. Seit einiger Zeit herrscht in Rumänien ein „kalter Wind“ in Sachen Tierschutz. Straßenhunde werden, aus verschiedenen Anlässen heraus, immer systematischer und grausamer getötet. Für den Tierschutz einzustehen ist da nicht ganz einfach. Eine Hilfsmaßnahme ist dann oftmals die Vermittlung ins Ausland – insbesondere nach Deutschland. Jedoch gilt es gerade hier, auch für die aktiven Mitglieder von Bruno Pet, zunächst einige „Hürden“ zu überwinden: Wer Tiere, auch Haustiere, in Europa transportieren will, braucht Unmengen an Papieren, das Okay der Veterinärärzte, muss Nachweise erbringen etc. Tierschutz in Europa wird hier zum Hürdenlauf und findet vor kulturell unterschiedlichen Hintergründen statt.

Doch Karina Handwerker und ihre Mitstreiterinnen sind sich einig, dass das Engagement lohnt. Viele hundert Tiere werden durch ihre Unterstützung jährlich kastriert, das Tierheim in „ihrem“ Ort hebt sich weit ab von den normalen rumänischen Tierheimen. Karina Handwerker meint: „Tierschutzarbeit in Europa sollte, wie jede andere Arbeit auch, daran gemessen werden, wie wirkungsvoll der geleistete Einsatz ist und wenn wir Europa als eine Gemeinschaft verstehen, dann sollte auch Hilfe und Unterstützung für diejenigen dazugehören, die sich am wenigsten wehren können und als bester Freund des Menschen unsere Hilfe mehr als verdient haben.“

Freundeskreis Bruno Pet e.V.

Hessenring 20
64832 Babenhausen
Web: www.freundeskreis-bp.de

Spendenkonto
Freundeskreis Bruno-Pet
Sparkasse Merzig-Wadern
BIC: MERZDE55XXX
IBAN: DE75 5935 1040 0007 1052 08

Eine zweite Chance für Jagdhunde

Zu Besuch bei den Jagdgefährten

Michael Pickert lebt mit seiner Familie, zu der auch drei Hunde aus dem Tierschutz gehören, in Hemer

Immer wieder geraten Hunde in Not, die Gründe dafür sind vielfältig, das Ergebnis aber immer gleich. Der Hund muss weg, landet im Tierheim oder im schlimmsten Fall in einer Tötungsstation.

Jagdgefährten e.V., so nennt sich ein noch junger Verein, dessen Mitgliedern die Schicksale von in Not geratenen Schlappohren aus Ungarn am Herzen liegen. Die Jagdgefährten kümmern sich speziell um das Schicksal von Magyar Vizslas, einer in Deutschland recht unbekannten ungarischen glatt oder drahthaarigen Vorstehhunderasse, aber immer häufiger auch um Abgabejagdhunde aus Deutschland. Unter den Mitgliedern befinden sich auch drei Jagdhundezüchterinnen. Eine eher seltene Situation, fand die FRED&OTTO-Redaktion und sprach mit Michael Pickert, einem der Gründungsmitglieder der Jagdgefährten.

Wie kam es zur Gründung des Vereins und wie konnten Sie die Züchterinnen für die Sache gewinnen?

Der Großteil unseres Teams kennt sich bereits seit vielen Jahren durch die Tätigkeit im Tierschutz. Die bei uns engagierten Züchterinnen mussten wir nicht für unsere Arbeit gewinnen, sie waren Mitbegründer des Vereins. Ihre Arbeit im Tierschutz steht überhaupt nicht im Widerspruch zu ihrer Aktivität als Züchterinnen, zumal es sich bei ihnen nicht um kommerzielle Zwinger, sondern um kleine Liebhaberzuchten handelt. Natürlich profitieren wir im hohen Maß von der Sachkunde dieser erfahrenen Teammitglieder. Zur Gründung des Vereins Jagdgefährten e.V. kam es durch einen Umbruch innerhalb eines anderen Tierschutzvereines, in dem Teile unseres

Der Verein Jagdgefährten kümmert sich um Jagdhunde aus Ungarn

heutigen Teams bereits früher im Tierschutz aktiv waren. Die Gründungsidee lässt sich einfach formulieren: Jagdhunden und ihren Menschen die Chance auf eine art- und rassegerechte Haltung und auf eine glückliche gemeinsame Zukunft zu ermöglichen, egal ob als Jagd- oder einfach als Weggefährte.

Wie viele Mitglieder hat der Verein zurzeit?

Der Verein Jagdgefährten e.V. hat innerhalb seines recht kurzen Bestehens seit Dezember 2011 über 150 Mitglieder gewinnen können.

Sie arbeiten bundesweit und in Ungarn?

Ja! Zurzeit unterstützen wir hauptsächlich eine Tierschutzorganisation in Ungarn, die ebenfalls ehrenamtlich arbeitet und als gemeinnützig anerkannt ist. Dabei geht es uns in erster Linie um die Hilfestellung vor Ort. Es ist für uns sehr wichtig, mit Organisationen zusammenzuarbeiten, die selber im eigenen Land Vermittlungs- und Aufklärungsarbeit leisten. Unsere Hilfe besteht u.a. darin, Futterspenden und deren Transport zu organisieren sowie konkrete Hilfsprojekte vor Ort zu unterstützen, so beispielsweise den Bau und die Aufstellung von neuen Hundehütten für die Zwingeranlage unserer Partner zu finanzieren und zu begleiten. Wichtig ist es ebenso, für den Nachschub an Decken für die kalten Wintermonate zu sorgen. Die Hilfe zur Selbsthilfe steht für uns an erster Stelle. Der Tierschutzgedanke muss in den Ursprungsländern der Hunde etabliert werden. Erst an zweiter Stelle steht die Vermittlung von Hunden hier in Deutschland, wobei das allerdings einen hohen Anteil des Zeitaufwandes ausmacht. Mittlerweile beschäftigen wir uns auch sehr häufig mit Abgabehunden aus Deutschland, die aus familiären Gründen oder wegen falscher Vorstellungen von art- und rassegerechter Haltung unverschuldet in Not geraten sind.

Wie klappt so eine Zusammenarbeit mit ungarischen Heimen, wer stellt den Kontakt her?

In Ungarn haben wir einen festen Partner, mit dem wir seit längerer Zeit vertrauensvoll zusammenarbeiten. Natürlich sind mehr oder weniger regelmäßig Teammitglieder in Ungarn vor Ort, um die Arbeit dort zu begleiten. Ganz neu ist, dass seit November 2013 eines unserer Teammitglieder dauerhaft in Ungarn wohnt, um unsere Arbeit dort dauerhaft zu begleiten und zu koordinieren. Auch dieser Einsatz unseres Teammitglieds in Ungarn erfolgt ehrenamtlich. Zusammen mit unseren Ansprechpartnern in Ungarn koordinieren wir unsere Möglichkeiten, Hunde in die Vermittlung nach Deutschland zu übernehmen. Bei den Hunden aus Ungarn handelt es sich um ausgesetzte Hunde, um Hunde die von ihren Besitzern direkt an eine Tierschutzorganisation übergeben wurden und um Hunde aus Tierheimen. Die ungarische Partnerorganisation vermittelt natürlich auch Hunde in ungarische Familien.

Viele Menschen haben ja Furcht vor Krankheitserregern, die über ein Tier aus dem Ausland eingeschleppt werden könnten. Wer garantiert die Gesundheit des Hundes?

Alle in unsere Vermittlung übernommenen Hunde werden in einer ungarischen Tierklinik vorgestellt. Sie werden geimpft, entwurmt und gechipt. Außerdem werden Tests auf dort typische Erkrankungen wie zum Beispiel Filarien oder Babesien durchgeführt. Eine hundertprozentige Garantie kann es aber nicht geben. Natürlich sprechen wir offen mit Interessenten, wenn gesundheitliche Defizite bei einem Hund bestehen oder bekannt sind. Natürlich erhält auch jeder Hund den Europäischen Impfausweis mit der eingetragenen Chipnummer.

Wie kommen die Hunde nach Deutschland und wo bleiben sie?

Da der Verein Jagdgefährten e.V. keine eigenen Transporte durchführt, werden die von uns vermittelten Hunde von einem befreundeten Verein, der Hundehilfe Phönix, transportiert. Die Hundehilfe Phönix ist zertifiziert und geprüft und darf Hunde entsprechend der gültigen europäischen Richtlinien transportieren. Der Transport erfolgt in einem speziell ausgestatteten Fahrzeug, meistens in der Nacht, um den Transportstress für die Hunde so gering wie möglich zu halten. Die Hunde werden an vorher abgesprochenen Treffpunkten an die Übernehmer beziehungsweise die Pflegestellen übergeben.

Was bedeutet Pflegestelle? Wie wählen sie die Familien aus und muss man Mitglied bei Ihnen sein?

Unsere Pflegestellen werden im Vorfeld genau geprüft. Das ist dringend erforderlich, da sie eine sehr verantwortungsvolle Aufgabe übernehmen. Sie sind nicht dazu da, Hunde einfach nur zu parken. Ihre Aufgabe besteht zum Beispiel darin, die Hunde an ein Leben in einer Familie zu gewöhnen und sie darauf vorzubereiten. Teilweise kennen die Hunde nicht einmal das Leben im Haus. Die Hunde mit ihren Stärken und Schwächen genau zu charakterisieren, an ihren Defiziten zu arbeiten und sie optimal auf das Leben in ihrer zukünftigen Familie vorzubereiten, ist sicher die schwierigsten Aufgaben in der Vereinsarbeit. Vereinsmitglied muss man dazu nicht notwendigerweise sein.

Ungarische Magyar Vizslas zählen in Deutschland zu den weniger bekannten Jagdhundrassen

Vermitteln Sie nur an Jäger?

Natürlich nicht! Wir vermitteln unsere Hunde anhand ihrer Veranlagung. Zielsetzung der Vermittlung und Leitlinie der Vereinsarbeit ist, dass nicht nur der Hund auf Dauer ein gutes Zuhause findet, sondern auch ihre „neuen Menschen“ glücklich mit dem neuen Gefährten werden. Ganz im Sinne des Wortes ‚Gefährte' im Vereinsnamen. Genau an dieser Stelle wollen wir beratend tätig werden. Interessenten müssen einen sogenannten Haltungsbogen ausfüllen, in dem sie Angaben über ihre persönliche Situation, ihre Erfahrungen im Umgang mit Hunden etc. machen. Was dann folgt, sind Sondierungsgespräche am Telefon und ein Besuch bei den Interessenten zu Hause. Erst dann kann sich zeigen, ob dieser Hund dortin zieht. Teilweise müssen wir Interessenten aber auch für einen Hund absagen, beziehungsweise raten ganz von der Anschaffung eines Hundes ab. Reine Zwingerhaltung lehnen wir zum Beispiel ab.

Wenn nun ein Hund vermittelt wurde, halten sie Kontakt zu den neuen Besitzern, oder ist das eher ungewöhnlich?

Zum Glück halten wir mit ganz vielen der Übernehmer auch nach der Vermittlung Kontakt. Oft wird in unserem Forum direkt von den Übernehmern mit Bildern und kleinen Berichten von den Glückspilzen berichtet. Dabei geht es dann zum Beispiel um jagdliche Erfolge der Hunde, genauso wie um Rettungshundearbeit, sportliche Aktivitäten oder einfach auch um das ganz normale Zusammenleben mit dem vierbeinigen Familienmitglied. Sogenannte Nachkontrollen sind für uns auch sehr wichtig.

Mehr Informationen

www.jagdgefaehrten.de

Kostenfalle Hund?

Worauf vor der Anschaffung eines Hundes zu achten ist

Bei der Anschaffung eines Hundes denkt man oftmals nicht über die Anschaffungskosten hinaus. Zu schnell hat man sich in eine süße Fellnase aus dem Tierheim verliebt oder kann angesichts eines Welpenwurfes beim Züchter nicht widerstehen. Ist der Hund dann ausgewachsen, wundern sich viele Neuhundehalter über den gehörigen Appetit eines Bernhardiners oder Dobermanns. Zugegeben: Schoßhündchen sind nicht jedermanns Sache, sie fressen im Laufe eines Hundelebens aber bedeutend weniger als beispielsweise ein Schäferhund. Rechnet man für einen Pekinesen bei gesunder Fütterung mit monatlich etwa 50 Euro Futterkosten, so sind es für einen Schäferhund recht schnell 120 Euro und mehr. Im Laufe eines (hoffentlich) 15-jährigen Hundelebens vertilgt ein Pekinese also Tiernahrung im Wert von circa 10.000 Euro, während die Ernährung eines Schäferhundes im selben Zeitraum durchaus um die 25.000 Euro kosten kann und somit den Gegenwert eines Mittelklassewagens darstellt. Mit den Kosten für die Ernährung eines Vierbeiners ist es aber noch lange nicht getan.

Viele Städte und Gemeinden langen kräftig zu, wenn es um die Erhebung von Hundesteuern geht. Schnell sind hier für einen einzelnen Hund 80 bis 100 Euro pro Jahr fällig. Dazu muss ein Hund in NRW auch haftpflichtversichert werden, was, je nach Versicherer, mit 55 bis 70 Euro pro Jahr zu Buche schlägt. Auch können gerade im Krankheitsfall die Kosten für Behandlungen und Medikamente rasant in die Höhe schnellen – eine Operation kann schnell mal ein paar tausend Euro kosten.

Unerwartete Kosten abfedern

Eine gute Möglichkeit, sich vor solchen unerwarteten Kosten zu schützen, ist der Abschluss einer Hundekrankenversicherung. Desweiteren ist es natürlich auch möglich, ein extra Sparkonto für seinen Hund einzurichten oder auch ein Sparschwein aufzustellen, in das man wöchentlich oder monatlich einen bestimmten Betrag einwirft.

Bei lang- und drahthaarigen Hunden fällt dazu in der Regel noch die Pflege im Hundesalon ins Gewicht. Manche Rassen müssen zweimal monatlich in einen Salon, was ihre Halter dann jeweils 35 bis 100 Euro kosten kann.

Ob die Haltung eines Hundes, im Vergleich zu anderen Freizeitbeschäftigungen, also ein eher teures Hobby ist, lässt sich nicht pauschal sagen. Fest steht, dass man als Hundehalter eine langjährige Verpflichtung eingeht, die einen oftmals von so manch anderen Interessen und Tätigkeiten, denen man vielleicht gerne nachgehen würde, fern hält.

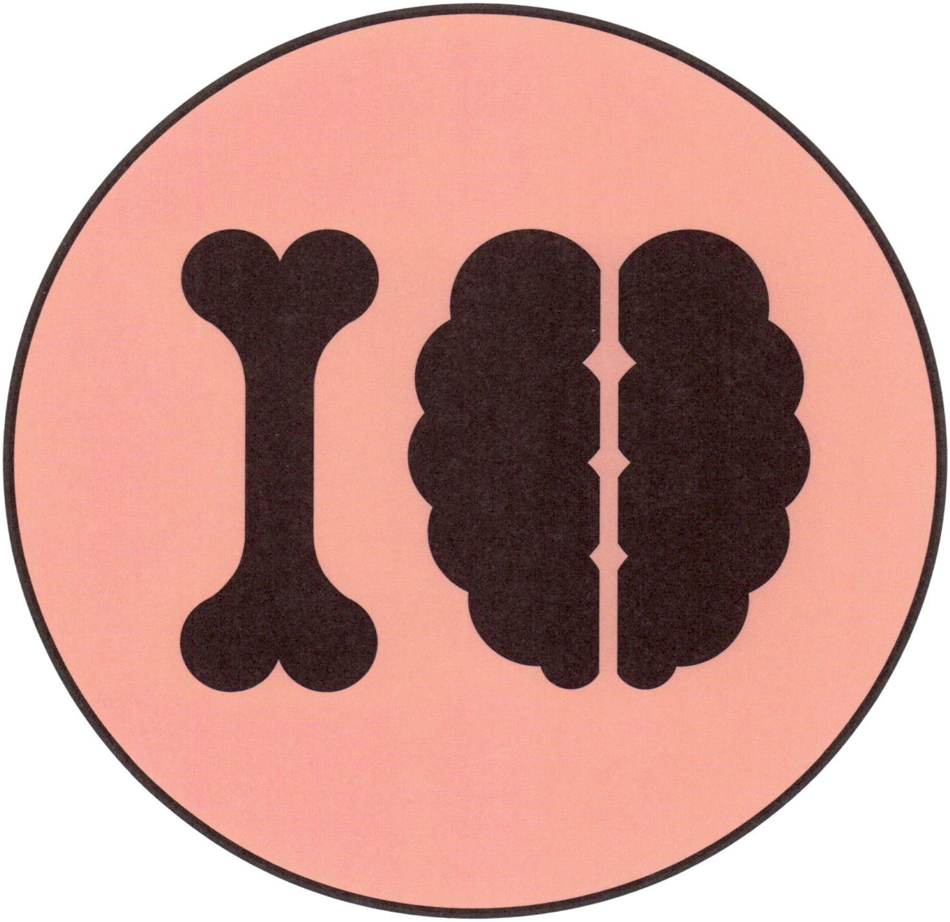

Futter & Philosophie

Über das richtige Futter kann man ewig diskutieren und streiten. Frischfleisch, Trockenfutter oder Nassfutter? Oder vielleicht doch vegan ernähren? Futter ist immer eine Frage der eigenen Lebensphilosophie, das haben wir zumindest bei vielen Gesprächen gemerkt. Wir wollen ein paar Entscheidungshilfen geben, beleuchten die Futtermittelindustrie, haben einen tierversuchsfreien Laden besucht und mit Ernährungsberatern gesprochen.

Liebe geht durch den Magen

Fresschen für Frieda & Bello

Ein Besuch im Supermarkt oder im Tierfachhandel zeigt: Hundefuttermittel gibt es ohne Ende. Immer neue Geschmacksvariationen füllen die Regale der Geschäfte. In der Werbung wird der Hund zum Gourmet oder Biofleisch-Liebhaber stilisiert – passend zum Lifestyle von Herrchen und Frauchen. Die Hundeernährung ist zum Big Business geworden; Marketing ebenso wichtig wie Ernährungsforschung und -entwicklung. Der Konkurrenzkampf unter den Unternehmen ist hart. Längst gibt es Hundefutter nicht mehr nur in Zoofachmärkten, sondern auch in Discountern, Drogerien und Baumärkten. Zusätzlich werden über das Internet neue Vertriebswege erschlossen und regionale Anbieter mischen zudem den Hundefuttermarkt mit oftmals ökologisch erzeugten Produkten kräftig auf.

Trockenfutter ist für viele am praktischsten

Unternehmen, die im deutschen Hundefuttermarkt tätig sind, setzten 2011 mehr als eine Milliarde Euro um. Der Großteil wird dabei durch industriell gefertigtes Hundefutter eingenommen. Laut einer tierärztlichen Studie von 2012 füttern 93 Prozent aller Hundebesitzer ihre Lieblinge mit Fertigfutter bzw. kombinieren dieses mit zusätzlichen Zutaten. Am häufigsten wird hierbei Trockenfutter verwendet. 2011 waren es 411 Millionen Euro, die damit umgesetzt wurden. Heißbegehrt sind auch „Hundesnacks". Im Vergleich zum Vorjahr stieg hier der Umsatz im Jahr 2011 um 5,1 Prozent auf 373 Millionen Euro. Dicht auf den Fersen folgt das Nassfutter mit 362 Millionen Euro Umsatz. Andere Hundehalter wiederum verabreichen ihrem Hund selbstgekochte Mahlzeiten oder greifen zu alternativen Ernährungsmethoden wie dem B.A.R.F.en. Neuester Trend beim Hundefutter ist u.a. auch die vegane Hundeernährung.

Trocken- oder Nassfutter? Oder Frischfleisch?

Bei der Vielzahl an Produkten und Ernährungsmethoden fällt es schwer, sich für ein Futter zu entscheiden. Nass- oder Trockenfutter? Selbst kochen? Vielleicht ja doch lieber B.A.R.F.en? Oder gleich ganz auf Fleisch verzichten? So berechtigt diese Fragen sind – eine eindeutige Antwort lässt sich nicht geben. So enthalten hoch-

Träume aus Fleisch – die Theke einer Hundemetzgerei

wertige Trocken- und Nassfutter in der Regel alle wichtigen Nährstoffe für den Hund. Dazu gehören Eiweiße, Fette, Mineralien, Vitamine und pflanzliche Stoffe. Beim B.A.R.F.en ist darauf zu achten, dass neben Frischfleisch und ungekochten Knochen auch Obst und Gemüse sowie Zusatzstoffe und Öle dazugegeben werden. Inwiefern eine ausschließlich vegane Hundeernährung gesund ist, bleibt umstritten. Schließlich ist der Hund ein „carnivore-omnivore", eine Mischung aus Fleisch- und Allesfresser.

Wichtiger als die Ernährungsmethode scheinen jedoch die Qualität und die Dosierung des Futters zu sein. Letztere richtet sich nach den individuellen Bedürfnissen des Hundes. So benötigt ein vor Energie strotzender Junghund natürlich eine andere Futterdosierung als ein „Hundesenior". Welche Nährstoffe ein Hund in welcher Dosierung braucht, ist abhängig vom Lebensalter, von der Rasse, aber auch vom Temperament sowie dem Aktivitätsniveau des Hundes. So benötigen Sport- oder Schlittenhunde energiereichere Nahrung als normale Familienhunde. Auch Allergien oder Krankheiten bestimmen, was in den Hundenapf gehört und was nicht.

„Grundsätzlich ist Trockenfutter für den Hund ebenso gesund wie Nassfutter", so die Diplom-Biologin Ursula Bauer vom

Verein „aktion tier“. „Wichtig ist, dass die Qualität stimmt“, so die Tierschützerin weiter. Der wesentliche Unterschied zwischen den beiden Futterarten liegt in deren Wassergehalt. Beim Trockenfutter sind es nur 10 Prozent, beim Nassfutter in etwa 80. Die Folge ist, dass Trockenfutter deutlich stärker mit Nährstoffen konzentriert ist. Die Konsequenz: Scheinbar gleichgroße Portionen von Trocken- und Nassfutter enthalten unterschiedlich viele Nährstoffe. Bei Trockenfutter besteht die Gefahr, dass der Hund bei falscher Dosierung schnell mit Nährstoffen überversorgt wird. Übergewicht, Allergien sowie allgemeines Unwohlbefinden des Hundes können die Konsequenz sein. Aufgrund des geringen Wassergehaltes des Trockenfutters ist es deshalb wichtig, dass die Hunde ausreichend Flüssigkeit zu sich nehmen. Nassfutter hat gegenüber Trockenfutter einige Vorteile. Aufgrund der Konsistenz ist es einfacher zu verdauen. Hunde mit Magenproblemen kommen damit oft besser zurecht. Jedoch ist Nassfutter oftmals etwas teurer als Trockenfutter.

Teuer = gut?

Grundsätzlich muss der Preis einer Hundefuttersorte nichts über die Qualität aussagen. Auch der Zusatz „bio“ muss nicht zwangsweise ein Qualitätsmerkmal sein. Denn nur weil die Inhaltsstoffe von biozertifizierten Herstellern stammen, heißt das noch nicht, dass die Zusammensetzung auch gut für den Hund ist. Beispiel Kalzium: Die Stiftung Warentest untersuchte 2006 mehrere Hundefuttermittel nach ihrer Qualität. Im Ergebnis enthielten einige Alleinfutter – u.a. Bio-Futtermittel – eine zu hohe Kalziumkonzentration. Eine Überdosis von Kalzium kann bei Welpen zu Schäden beim Knochenwachstum führen. Bei anderen Futtermitteln wies die Stiftung Warentest wiederum zu wenig Zink, Seelen und Kupfer nach. Der Test zeigte, dass qualitativ minderwertige Produkte bei Hunden entweder zu Mangelerscheinungen oder zu Überversorgungen führen können.

Abfälle im Hundefutter

Dass nicht alle Hundefuttermittel über ausreichende Qualität verfügen, ist angesichts des harten Konkurrenzkampfes in der Futtermittelbranche nicht verwunderlich. Warum sollten sich Produkte für Hunde von Produkten für Menschen unterscheiden? Hans-Ulrich Grimm ist in seinem Buch „Katzen würden Mäuse kaufen“ den Herstellungsprozessen in der Futtermittelindustrie auf den Grund gegangen. Die Recherchen des Autors zeigen, dass einige Futterproduzenten reine Abfallverwerter der Fleischindustrie sind: Alles, was für den Menschen ungenießbar ist, lässt sich – durch Zusatzstoffe und andere Chemie „veredelt“ – wunderbar zu Tierfutter verarbeiten. Erbrochenes, Abfall, Kot und Kadaver werde zu Hundefutter verarbeitet. Verboten ist das zwar nicht. Ethisch vertretbar jedoch ebenfalls nicht. Der Gesetzgeber macht es den Unternehmen dabei sehr einfach. Laut Futtermittelgesetz ist ein Hersteller von Futtermitteln lediglich dazu verpflichtet Zutatengruppen anzugeben. Einzelzutaten, Aromastoffe und Geschmacksverstärker müssen nicht genannt werden.

Nass-, Trocken- und Rohfutter – was ist das Beste?

Freilich sind nicht alle Futtermittelhersteller schwarze Schafe. Doch wie kann man als Verbraucher hochwertige von minderwertigen Produkten unterscheiden? „Je zerhexelter und breiiger das Futter aus der Dose kommt, desto größer ist die Wahrscheinlichkeit, dass Abfallprodukte wie Knorpel, Ohren, Augen und so weiter verarbeitet wurden“, so die Diplom-Biologin Ursula Bauer. Hochwertige Hundefuttermittel lassen sich auch daran erkennen, dass alle Inhalts- und Zusatzstoffe transparent auf der Verpackung aufgelistet sind. Zwar sind nicht alle Inhaltsstoffe für den Otto Normalverbraucher auf Anhieb verständlich. Die Hersteller sind allerdings dazu verpflichtet, ihre Kontaktdaten auf der Verpackung zu hinterlegen. Bei Fragen zur Qualität des Futters empfiehlt es sich daher persönlich nachzuhaken. Das Maß an Auskunftsbereitschaft ist ein guter Indikator, um in der Futtermittelindustrie die Spreu vom Weizen zu trennen. (Text: Frank Petrasch)

Hirsebrei statt Pansenschmaus

Veganismus für Karnivoren

Nach den letzten Gammelfleischskandalen machen sich immer mehr Hundebesitzer Gedanken um die Ernährung ihres Vierbeiners. Wenn für uns schon Produkte zweiter und dritter Wahl verwendet werden, wie sieht es dann erst mit dem Futter unserer Tiere aus? Der radikalste Weg, seine Konsequenzen aus den Lebensmittelskandalen zu ziehen, ist wohl die Umstellung auf eine vegane Ernährung. Bei ihr wird, anders als bei Vegetariern, auf alle Produkte verzichtet, die tierisch erzeugt wurden. Neben Fleisch zählen ebenfalls Milch und Eier dazu. Wer das ernst nimmt, wird sich wahrscheinlich auch irgendwann die Frage stellen, wieso sein Hund noch Fleisch bekommen sollte. Tatsächlich gibt es immer mehr Menschen, die ihre Hunde vegan ernähren. Statt Fleisch bekommen sie Hirse und Reis, statt Innereien Nudeln und ganz viel Gemüse. Ethisch ist man als Mensch fein raus und hat der Futtermittelindustrie ein Schnippchen geschlagen, aber ein Hund als Veganer? Der zählt bekanntlich zur Familie der Karnivoren – und das heißt übersetzt: Fleischfresser.

Aber Fleischfresser hin oder her: Für viele Menschen ist die Tatsache, dass Tiere getötet werden, nicht mit ihrem Gewissen vereinbar. Die Tierrechtsorganisation Peta führt an, dass jährlich Millionen lebensfähige Kühe, Kälber, Schafe, Schweine und Hühner alleine in Deutschland geschlachtet werden. Natürlich nicht für Tierfutter. Trotzdem unterstützt man mit dem Kauf von konventionell hergestelltem Hundefutter diese Industrie. Denn die Schlachtnebenprodukte sind es, die für unsere Hunde in die Dose kommen. Die Futtermittelindustrie agiert mittlerweile global. Kaum jemand weiß, was im Hundefutter ist. Die Peta kritisiert: „Viele Futtermittelfirmen produzieren weltweit und in jedem Land gelten andere Gesetze“. Beispiel Kauknochen: Hauptursprungsländer sind Indien, China und Thailand. Dass dort andere Hygiene-, Umwelt- und Tierschutzstandards herrschen, dürfte jedem klar sein. Auch das wird von vielen Veganern immer wieder ins Feld geführt.

In Internetforen und auf Internetblogs wird das Thema ‚vegane Hundeernährung‘ heiß diskutiert (z. B. auf: www.berlin-vegan.de). Die am meisten gestellte Frage: Ist vegane Ernährung überhaupt artgerecht? Martin Balluch, Umwelt- und Tierschutzaktivist, hat einen Artikel mit typischer Argumentation auf seinem Internetblog veröffentlicht: „Menschen können nicht entscheiden, wer zu sterben hat und wer nicht. Hunde haben in der Natur Fleisch gefressen, weil dort das Recht des Stärkeren galt. In einer Gesellschaft wie der unsrigen ist der Hund dazu aber nicht mehr verpflichtet. Er muss seine Nahrung nicht mehr selber jagen." Balluchs Meinung nach, ist es deswegen unnötig, den Hund noch mit Fleisch zu füttern. Alles klar?

Solchen Gedankengängen kann man folgen oder auch nicht. Neben ethischen Gesichtspunkten stellt sich aber die Frage, ob eine vegane Ernährung überhaupt verträglich bzw. gesund für den Hund ist. Es gibt zwar schon einige Futtermittelfirmen, die vegane oder vegetarische Hundenahrung anbieten, dennoch ist die fleischlose Kost auf dem Futtermittelmarkt eher sporadisch vertreten. Ein veganes Futtermittel liefert der niederländische Anbieter Yarrah (www.yarrah.com), auf dessen Website man natürlich nur lobende Worte über das ethisch wertvolle Futter findet. Einige Argumente sind aber nachvollziehbar: Viele minderwertige Futtermittel enthalten eh kaum Fleisch. Billigsthundefutter enthält kaum mehr als vier Prozent Fleisch – da kann man auch gleich Veganer werden. Andere Tiere haben gesundheitliche Probleme, tierische Eiweiße zu verdauen. Zudem kann das Futter Haut- und Fellbeschwerden, Magen- und Darmprobleme und Hyperaktivität verhindern, die durch Fleischkonsum verursacht werden können, argumentiert der Hersteller. Dennoch sehen einige Fachleute das Thema kritisch. Natalie Götz arbeitet beim Produktmanagement der Firma Dr. Schaette. Die produziert Tierfutter auf biologischer Basis, setzt Heilpflanzen und traditionelle Kräuter ein und ist damit von den Standpunkten der Veganer nicht übermäßig weit entfernt. Dr. Schaette verzichtet allerdings nicht auf Fleisch. „Für eine vollwertige, gesunde und aus unserer Sicht artgerechte Ernährung sollte ein Teil der Nahrung aus pflanzlichen Komponenten bestehen. Ein Teil des Proteinbedarfs muss aber unbedingt durch Fleisch oder zumindest tierische Produkte wie Milch, Quark oder Käse gedeckt werden", so Götz. Sie hält die vegane Ernährung aus ernährungsphysiologischer Sicht allerdings trotzdem für möglich, solange es dem Hund nicht an wichtigen Nährstoffen fehlt. Diesen Aspekt kritisieren vor allem Gegner der veganen Kost. Fehlende Nähr-

Würden Hunde Gemüse kaufen? Immer mehr Menschen ernähren ihre Vierpföter vegan

stoffe wie einige Vitamine werden durch Zusatzpräparate ergänzt. Schnell kommen dann Pülverchen und Tabletten zum Einsatz – und diese sind für den Hund unter Umständen nicht immer so gesund wie sie vorgeben. Andererseits muss gewährleistet sein, dass einem Hund bestimmte Nährstoffe zugeführt werden. Wird das vergessen, kann die vegane Ernährung schnell einseitig und ungesund für den Hund werden.

Dass eine vegane Hundeernährung aber sogar im großen Stil gelingen kann, beweist das österreichische „Tierparadies Schabenreith“, das vielleicht größte Experiment für vegane Hundeernährung. Das Ehepaar und die Gründer des Tierheims, Doris und Harald Hofner-Foltin, leben selbst vegan. Deshalb beschlossen sie, auch einen Teil der fleischfressenden Tiere auf die vegane Kost umzustellen. 80 Prozent der Hunde bekommen vegane Kost. Bei vielen ließ sich schon nach kurzer Zeit eine positive Veränderung erkennen: „Alle Hunde, die wir vegan ernähren, bekommen ein glänzendes Fell. Außerdem verschwinden Hautprobleme und Allergien“, berichtet Doris Hofner-Foltin. Für das Ehepaar Hofner-Foltin steht fest: „Ein Hund hat ein Recht darauf, genauso gesund ernährt zu werden wie ein Mensch. Wir können das mit einer veganen Ernährung so gut es geht gewährleisten.“

Um zu überprüfen, ob die vegane Ernährung den Hunden auch nicht schadet, werden regelmäßig Bluttests durchgeführt. Das positive Resultat bestätigte der Veterinärmediziner Fritz Kemetmüller, Präsident der Tierärztekammer Oberösterreich:

Die bessere Alternative für Veganer?

„Die Hunde vom Tierparadies Schabenreith sind alle gesund, die vegane Nahrung schadet ihnen sicher nicht.“ Trotzdem sieht er den Veganismus für den Hund auch kritisch: „Denn diese Tiere sind grundsätzlich Fleischfresser, und Laien können bei rein pflanzlicher Ernährung sehr viel falsch machen“, so Neuhofner gegenüber einem Nachrichtenportal.

Holger Huber-Ruf von Bones for dogs, einer Frischfleischtheke für Hunde in Berlin, sieht das Ganze pragmatisch. Er glaubt, dass Hunde Fleisch brauchen und empfiehlt: „Wenn Veganer nicht wollen, dass ihr Tier Fleisch frisst, sollten sie sich vielleicht besser ein Kaninchen anschaffen.“

Keine Knochen für Jochen

Interview mit einem Überzeugten

Oliver Preß ernährt seinen Galgo Jochen vegan und kann sich aus vielerlei Gründen kein besseres Futter vorstellen. FRED & OTTO stand er Rede und Antwort.

Seit wann lebst du vegan – und wie lange dein Hund?

Ich lebe seit sechs Jahren vegetarisch und seit zwei Jahren vegan. Mein Hund wird seit einem Jahr vegan ernährt. Und erfreut sich wie ich auch bester Gesundheit.

Wie kamst du darauf, deinen Hund vegan zu ernähren?

Als überzeugter Veganer macht man sich natürlich auch Gedanken über die Art der Ernährung seines Haustieres. So begann ich mir Infomaterial zur veganen Ernährung eines Hundes zu beschaffen, Erfahrungswerte anderer veganer Hundehalter einzuholen und das Pro und Contra verschiedener Ärzte und anderer Wissenschaftler abzuwägen. Für mich ist es eine Frage der Ethik. Natürlich hört sich das extrem an. Solange es das eine Extrem gibt, nämlich das der Massentierhaltung und das furchtbare Töten der Tiere in den Schlachthäusern sowie die elendigen Tiertransporte, solange wird es eben auch das andere Extrem geben: nämlich die völlige Verweigerung an der Teilnahme des Tiermassenmordes. Nachdem für mich sicher gestellt war, dass ein vegan ernährter Hund nicht ungesünder lebt als ein mit Trockenfutter ernährter oder gebarfter Hund, gab es nur noch diese Entscheidung. Und außerdem ist ein Hund kein Karnivore sondern ein Omnivore. Anders als eine Katze frisst der Hund alles. Das ist bei der Entscheidung, ihn vegan zu ernähren, sehr wichtig.

Gab es ein ausschlaggebendes Ereignis?

Ja, und zwar die Erkenntnis, dass für das Herstellen von Tierfutter häufig Tierversuche durchgeführt werden sowie die Erkenntnis, dass jeder ist, was er isst, also auch mein Hund. Es sollte kein Tier sterben, damit meines lebt. Des Weiteren sind viele Großkonzerne aus der Lebensmittelbranche an der Herstellung des Tierfutters beteiligt, die ich nicht mit meinem Kassenbon unterstützen möchte. Zum Beispiel gibt es große Lebensmittelkonzerne, die sich nicht gerade durch Umweltschonung und Nächstenliebe hervortun. Wer in Deutschland oder anderswo Lebensmittel einkauft, kommt praktisch an diesen Konzernen nicht vorbei. Neben den klassischen Schokoladentafeln und Kaffeesorten stellen diese Firmen Frühstücksflocken, Nudeln, Milcherzeugnisse und natürlich auch Tierfutter her. Schon allein durch die Marktbeherrschung in den westlichen Ländern und in Bezug auf die Sicherstellung einer gewissen Vielfalt in der Ernährung sind diese kritisch zu sehen. Noch grausamer verhalten sich diese Konzerne in einigen Staaten der Dritten Welt. Dort sind sie dabei, weite Teile der Versorgung der Bevölkerung mit Trinkwasser an sich zu reißen – zum Teil mit erschreckendem Erfolg. Alles in Allem versuche ich also, so gut es geht, im Einklang mit einer gesunden Ethik zu leben. Und dazu gehört natürlich auch die Ernährung meines Hundes. Mal abgesehen davon ist die vegane Ernährung bei Hunden sehr gesund. Der älteste im Guinness Buch der Rekorde eingetragene Hund ist ein Collie. Dieser wurde bei veganer Ernährung 21 Jahre alt.

Ist dir eine positive Veränderung an Jochen aufgefallen?

Ja! Er riecht nicht mehr so streng. Er ist schlank und neigt nicht zum Dickwerden, was sich an der kompletten Gesundheit des Hundes bemerkbar macht. Ansonsten ist er immer quietschfidel und putzmunter, was mir auch sein Tierarzt bestätigt.

Wie waren die Reaktionen in deinem Umfeld?

Mein omnivores Umfeld sieht das natürlich als schreckliche Tierquälerei an. Aber diese Leute stehen ja auch meiner persönlichen veganen Ernährung stets skeptisch gegenüber. Mein veganes Umfeld ist natürlich zum Großteil positiv eingestellt. Letztlich ist mir das aber auch egal, denn ich versuche, niemanden zu missionieren und erwarte im Gegenzug, dass man mich einfach so leben lässt wie ich es für mich für richtig erachte – immer unter der Prämisse, niemandem zu schaden.

Aber fehlen dem Hund nicht bestimmte Nährstoffe, wenn er fleischlos ernährt wird?

Woher der Hund seine Nährstoffe erhält ist ihm völlig gleich, wichtig ist nur, dass er alle Nährstoffe erhält. Das ist auch bei veganer Ernährung durchaus machbar. Einige Studien belegen, dass ein vegan ernährtes Tier weitaus gesünder ist als ein mit Fleisch gefüttertes. Der domestizierte Hund ist bereits bestens an die menschliche Lebensweise gewöhnt, so dass er völlig ausreichend auch vegan ernährt werden kann.

Womit fütterst du deinen Hund, damit eine optimale Ernährung gewährleistet ist?

Ich koche viel Gemüse, Vollkornreis und ein spezielles auf Hunde abgestimmtes, veganes Trockenfutter. Es wird immer

Für Jochen sind Karotten nicht nur Spielzeuge – er wird konsequent vegan ernährt

darauf geachtet, dass er alles bekommt, was er braucht. Sein Gesundheitszustand spricht dafür.

Was würdest du Hundebesitzern raten, die ihren Hund vegan ernähren wollen?

Lasst Euch nicht unterkriegen! Es gibt viele Foren, in denen Ihr euch informieren könnt. Viele Veganer, die ihre Haustiere vegan ernähren, sind gern bereit, als Pate zu fungieren – das heißt, in der ersten Zeit mit Rat und Tat zur Seite zu stehen. Bindet es nicht gleich jedem auf die Nase, was ihr füttert. Das erspart euch eine Menge sinnloser Diskussionen. Leider haben sich noch nicht viele Menschen mit dem Thema auseinander gesetzt und sind völlig ahnungslos. Was Menschen nicht kennen und was neu ist, wird meistens immer erstmal verteufelt.

Tierversuchsfreies Futter für Fellnasen

Eine junge Firma aus Recklinghausen geht neue Wege

Viele Hundehalter machen sich Gedanken darüber, welches Futter für ihren Liebling das beste und gesündeste ist. Oft wird dabei aber übersehen, dass andere Tiere leiden müssen, bevor das Fresschen in den Handel kommt, denn nach wie vor testen viele der großen Hersteller ihre Produkte an Tieren, obwohl solche Versuche gesetzlich nicht vorgeschrieben sind. Die Bedingungen, unter denen diese Versuchstiere leben, ähneln nicht selten denen ihrer Artgenossen in den Laboren der Pharmaindustrie und fast immer endet das traurige Leben der Testhunde und Testkatzen in den Kellern der Futtermittelindustrie. In Recklinghausen hat sich Stefanie Werner mit diesem Thema auseinandergesetzt und bietet in ihrem Geschäft Hund & Natur ausschließlich tierversuchsfreies Hundefutter an. „Wir kümmern uns ausschließlich um Hunde und um Menschen, die mit Hunden leben. Tierschutz steht bei uns an oberster Stelle, aus diesem Grund sind alle unsere Futtermittel tierversuchsfrei", sagt die Hundeernährungsberaterin, die über die allergischen Reaktionen ihres eigenen Vierbeiners zur Futtermittelexpertin wurde. „Mein Labrador Johnny vertrug kein fertig abgemischtes Futter. Auf der Suche nach den Inhaltsstoffen im Fertigfutter begann ich, genauer auf die Etiketten zu schauen", erzählt sie weiter. Und was sie dort zu lesen bekam, drehte nicht nur ihrem Johnny, sondern auch seinem Frauchen den Magen um. Schnell war klar, dass billige Füllstoffe nichts für Johnny sind und Frau Werner begann, sich auf die Suche nach guter und artgerechter Ernährung für ihren vierbeinigen Freund zu machen. Was auf der Suche nach den passenden Leckerchen begann, ist heute ein florierendes Geschäft in Recklinghausen Süd mit angeschlossenem Onlineshop. Dabei hat Stefanie Werner ganz klein angefangen, nämlich mit einem Lagerverkauf und angeschlossenem Futtertaxi. Tierversuchsfreies Futter war bis vor kurzem für viele Menschen kein Thema, denn die Tatsache, dass die Futtermittelindustrie, die man ja eigentlich als eine tierliebe Branche einschätzen würde, nicht vor Tierversuchen zurückschreckt, kam ihnen gar nicht in den Sinn. Heute sind Frau Werners Kunden dankbar dafür, dass sie nicht stundenlang das Internet durchforsten müssen, um endlich ohne Gewissensbisse einkaufen zu können. Auf den Verpackungen von Hund & Natur steht klipp und klar, was sich in den Dosen und Tüten befindet. Hier steht das Wohl des Tieres im Mittelpunkt und nicht der schnelle Profit. Deshalb wird eine eingehende Ernährungsberatung in Recklinghausen groß geschrieben. „Hund & Natur hat sich dem naturnahen Hundefutter verschrieben und achtet bei der Auswahl

Stefanie Werner bietet bei Hund & Natur garantiert tierversuchsfreies Futter an

des Sortiments immer auf Qualität, Zusammensetzung und Herkunft. Zu beachten ist jedoch, dass jeder Hund einzigartig ist. Folglich kann also ein Fertigfutter niemals hundertprozentig genau auf Ihren ganz einzigartigen Hund abgestimmt sein. Fertigfutter richtet sich nach den Analysen, Auswertungen und teils auch Vermutungen der Wissenschaft. Da Sie Ihren Hund am besten kennen, seinen Bedarf also besser ausloten können, der sich durchaus auch an den üblichen Standards wie Rasse, Alter, Aktivität und oder Vorerkrankungen orientiert, gibt es eine Vielzahl an Futterergänzungen für Hunde. Unsere Futterergänzungen können Ihrem Hund helfen, gesund zu bleiben oder wieder zu gesunden, aber auch helfen Mangelerscheinungen vorzubeugen", erläutert sie ihre Geschäftsphilosophie. Und weil nicht jede Fütterungsmethode zu jedem Hund passt, bietet sie Ernährungsberatung auch in enger Zusammenarbeit mit Tierärzten und Tierheilpraktikern an.

Bei Hund & Natur achtet man aber nicht allein auf die Qualität des Futters. Auch alle anderen Produkte werden streng nach Gesichtspunkten des Tierschutzes ausgewählt. „Wir werden immer und immer wieder nach Würgern, Stachlern oder Sprayhalsbändern gefragt, aber auch bei der tausendsten Anfrage werden wir nicht nachgeben. In das Sortiment unseres Hundefachmarktes gelangen ausschließlich Produkte, die uns auch im Alltag überzeugen können. Dabei ist nicht die Größe des Angebots entscheidend, sondern seine Qualität und Funktionalität", sagt Stefanie Wagner zum Abschied.

Hund & Natur

Stefanie Wagner
Bochumerstr. 187A
45661 Recklinghausen
Tel.: 02361-4907619
Web: www.hund-natur.de

Futter als soziale Hilfe

Die Futterhilfe Münster unterstützt bedürftige Tierhalter

Das Team der Futterhilfe ist jeden Samstag für bedürftige Münsteraner da

Münster gilt als reiche Stadt mit schickem Ortskern und teuren Geschäften. In der ehemaligen Beamten- und Professorenstadt geraten jedoch immer mehr Menschen in eine soziale Schieflage und sind nicht mehr in der Lage, ihre Haustiere aus eigenen Mitteln zu versorgen. Um diese Not zu lindern, gründeten einige beherzte Münsterländer 2009 den Verein Futterhilfe Münster e.V., der ein Jahr später seine Arbeit aufnahm.

Jeden Samstag um 14.00 Uhr öffnen sich die Tore der Futterhilfe Münster auf dem Alfred-Krupp-Weg 52, um 50 bis 60 Tierhalter mit Futter, Katzenstreu und anderen Haustierartikeln zu versorgen. Die Initiatoren des Projekts haben sich in einem Bauwagen, einem Container und einer Ausgabehütte einquartiert, um Kosten zu sparen, denn anders als andere Vereine, will die Futterhilfe keine unnötigen Wasserköpfe bilden. Alle Mitglieder engagieren sich ehrenamtlich und kümmern sich mit großer Sorgfalt um das Wohl der bedürftigen Tiere und Menschen. „Die Futterhilfe wurde gegründet, damit Menschen trotz wirtschaftlicher Not mit ihren Tieren weiter zusammenleben können. Unser Ziel ist es, zu verhindern, dass Tiere abgegeben werden müssen oder im Tierheim landen", sagt Sandra Pleger, die zweite Vorsitzende des Vereins. In der Regel sind es Hunde, die unter den wirtschaftlichen Engpässen ihrer Halter zu leiden haben; aber die Futterhilfe versorgt auch Katzen, Kaninchen, Meerschweinchen und mitunter sogar Aquarienfische. Der Verein bekommt seine Futterspenden u.a. von Agravis, Fressnapf und dem Tiergarten Münster. Dabei handelt es sich keineswegs um Waren minderer Qualität, sondern um solche, die kurz vor dem Ablauf des Mindesthaltbarkeitsdatums stehen. Es sind aber nicht allein Fachgeschäfte, die das soziale Projekt unterstützen, auch zahlreiche Privatpersonen, Tierarztpraxen sowie das Tierheim Münster und der TSV Dülmen greifen den Helfern unter die Arme. „Fast alle aktiven Vereinsmitglieder haben selber Tiere und leider auch schon Erfahrungen dahingehend gemacht, dass Menschen in Situationen kommen können, in denen eine Versorgung des Tieres allein nicht mehr möglich ist, so zum Beispiel die alte Dame beim Tierarzt, die selber am Haushaltsgeld spart, weil das Tier eine Spritze braucht. Gemeinsam war es die Idee, Menschen zu unterstützen, die aufgrund einer Änderung ihrer finanziellen Situation oftmals nicht mehr allein in der Lage sind, ihre Tiere zu versorgen", berichtet Sandra Pleger über die Idee zur Gründung der Münsteraner Futterhilfe, die sich leider auch vor schwarzen Schafen schützen muss, denn mitunter kommt es vor, dass reiche Geizhälse etwas umsonst abstauben wollen. Um sich vor solchen Menschen zu schützen, hat der Verein eine Hürde eingebaut: Nur wer mit einem gültigen Bescheid der Stadt (z. B. ALG II Bescheid oder Sozialhilfebescheid) nachweisen kann, dass es finanziell nicht reicht, wird in die Kartei aufgenommen.

Schwellenangst?

Der Gang zur Futterhilfe fällt nicht jedem leicht. „Leider erleben wir es auch, dass es manchen Menschen unangenehm ist, zu uns zu kommen. Es gab mal eine Dame, die erzählte uns, dass sie wochenlang bei uns während der Ausgabe vorbeigegangen ist; sich aber nicht getraut hat, reinzukommen. Wir versuchen natürlich, jedem neuen Bedürftigen offen entgegenzutreten. Einige rufen auch vor der Anmeldung bei uns an. Ich versuche dann schon am Telefon ein bisschen die Scheu zu nehmen und weise auch darauf hin, dass wir gerade für Menschen, denen es nicht gut geht, da sind", erzählt Sandra Pleger weiter und berichtet nicht ohne Stolz: „Mittlerweile sind wir ja regelrecht zu einer Futterhilfe-Familie geworden. Für viele Menschen ist die Ausgabe am Samstag ein ganz wichtiger Termin; oft sogar der einzigste Termin, der wahrgenommen werden muss. Wir bieten auch an, Futter für zwei bis vier Wochen mitzunehmen. Viele der Bedürftigen lehnen dies allerdings ab, weil sie lieber jede Woche zu uns kommen möchten."

Futterhilfe Münster

Alfred-Krupp-Weg 52
48153 Münster
Tel.: 01573-4693827
Web: www.futterhilfe-muenster.de
Die Futterhilfe öffnet jeden Samstag von 14 – 16 Uhr.

Wunschlos glücklich?

Ein Dortmunder Futterhersteller verspricht Transparenz beim Hundefutter

„Wer ein Tier hält, betreut oder zu betreuen hat, muss das Tier seiner Art und seinen Bedürfnissen entsprechend und angemessen ernähren“, so heißt es im Paragraphen zwei des Tierschutzgesetzes. Da Hunde Fleisch- bzw. Beutetierfresser sind, müssen sie folglich als Haustiere auch ihrer Art entsprechend ernährt werden. Mindestens 70% der Trockenfutter auf dem Markt werden diesem Paragraphen nicht gerecht. Sie bestehen zumeist aus Biomüll und enthalten fast bis gar kein Fleisch. Das geht aber auch anders: Die Dortmunder Firma Wunschfutter lässt in dieser Hinsicht weder Wünsche offen noch den zitierten Paragraphen des Tierschutzgesetzes außer Acht.

Bei der Auswahl des besten Futters für ihren Vierbeiner haben viele Hundehalter die Qual der Wahl. Schließlich suggerieren die meisten Futter-Etiketten werbewirksam, dass die Produkte viel gutes Fleisch und wertvolle Zutaten enthalten. Ob ein Produkt hält was es verspricht, ist jedoch nicht immer so leicht herauszufinden und eine kritische Prüfung der Inhaltsstoffe wird dem Hundehalter oftmals erschwert, vor allem deswegen, weil die Inhaltstoffe nicht nur sehr klein gedruckt werden, sondern auch unverständlich oder irreführend formuliert sind. „Sie finden weder Kleingedrucktes noch Fremdwörter auf unseren Produkten. Denn wir haben nichts zu verbergen. Durch den Verzicht auf Fleisch-, Fisch- oder Geflügelmehl ist das in unserem Futter verarbeitete Fleisch sehr hochwertig. Außerdem sind keine Füllstoffe wie z. B. Getreide im Futter. So enthält Wunschfutter nur, was Ihrem Hund auch gut tut“, erklärt Geschäftsführer Kai Oestreicher und verweist darauf, dass man bei Wunschfutter nicht nur das Wohl der Fellnasen im Auge hat, sondern auch bei Hundehaltern Aufklärungsarbeit leisten will: In viel zu vielen Internetforen und Hundeklubs werden falsche Futterstrategien und Ernährungskonzepte vorgestellt und diskutiert. Hunde sind zwar heute Familienmitglieder, sie bleiben aber trotzdem Tiere und müssen entsprechend ernährt werden. Fellnasen sind von Natur aus Fleisch- und Beutefresser. Auch frischer Fisch bekommt ihnen. „Der Organismus eines Hundes ist darauf ausgelegt, Eingeweide, Fleisch und Knochen eines Tieres verwerten zu können. In einer Hundemahlzeit sollten außerdem Fettsäuren enthalten sein. Mineralien und Vitamine stärken die Gesundheit zusätzlich. So ist die Zugabe von Gemüse, einigen Obstsorten oder Kräutern und bestimmten Ölen im Futter tiergerecht. Zähne, Krallen, Klauen, Federn oder Gräten eines Tieres gehören definitiv nicht dazu, werden aber trotzdem von einigen Herstellern in Tiermehlen mitverarbeitet und stellen kein artgerechtes Futter dar, denn kein Hund würde diese Beigaben freiwillig fressen", führt Kai Oestreicher weiter aus und fügt an: „Leider können die meisten Verbraucher aus der Etikettierung nicht ersehen, welche Katze im Sack sie gekauft haben."

Transparente Etikettierung

Die oft sehr durchlässigen EU-Gesetze hat sich das Dortmunder Startup-Unternehmen zunutze gemacht, indem es sie beim Wort nimmt und klar verständlich auf seine Etiketten schreibt, was das Futter enthält. Diese Offenheit wird von den Kunden gewürdigt, denn bei ernährungsbewussten Menschen, die auch für ihre Vierbeiner nur das Beste wünschen, rannte Wunschfutter seit seiner Gründung 2011 offene Türen ein. Die Marktlücke ist so einfach wie genial: „Unsere Kunden können die Inhaltstoffe selber zusammenstellen. Je nach Energiebedarf und den Ansprüchen ihres Hundes wählen sie bei jeder Bestellung aus, welche Basismischung und welche weiteren Zusätze in ihr Wunschfutter hineinkommen sollen. Der entsprechende Protein- und Energiegehalt wird ganz individuell für jeden Hund errechnet. So bringen sie bei jeder Bestellung Abwechslung ins Spiel und können individuell auf die Bedürfnisse ihres Hundes eingehen. Die gesunden und klar definierten Inhaltstoffe von Wunschfutter senken das Risiko einer allergischen Reaktion ihres Hundes erheblich. Selbstverständlich verzichten wir auf den Zusatz von künstlichen Farb-, Aroma- oder Konservierungsstoffen", erklärt Kai Oestreicher die Geschäftsidee. Als einziger Hersteller von extrudiertem Trockenfutter verzichtet Wunschfutter komplett auf Getreide und Tiermehle. Die Dortmunder verwenden nur frisches Fleisch (Muskelfleisch und Innereien), frischen Fisch, Gemüse, Obst und gesunde Öle. Keine Füllstoffe und keine anderen minderwertigen Inhalte. Wer da nicht wunschlos glücklich ist, kann seinen Hund nicht lieben.

Hunde sind Beutetierfresser und müssen entsprechend ernährt werden

Wunschfutter GmbH

Lindenhorster Str. 142
44147 Dortmund
Tel.: 0800-6346700
Mail: info@wunschfutter.de
Web: www.wunschfutter.de

Der Hund ist, was er frisst

Fertigfutter in der Kritik

Die Tierheilpraktikerin Sabine Schulten zählt im Münsterland zu den prominentesten Gegnern der Futtermittelindustrie und sagt: „Die Industrie verkauft den Hundehaltern ein Lebensgefühl, nicht aber gesundes und artgerechtes Futter." Im Interview mit dem FRED&OTTO-Reporter Markus Bötefür bezieht sie eindeutig Stellung gegen jedwedes Fertigfutter aus Supermarkttüten.

Was gibt es an Fertigfutter auszusetzen?

Die Futtermittelindustrie suggeriert den Menschen, dass Sie nicht in der Lage seien, ihre Hunde alleine vollwertig zu ernähren; sie nimmt ihnen so die Verantwortung für eine gesunde und artgerechte Ernährung ihres Tieres ab. Es ist natürlich einfacher, nur einen Sack zu öffnen und nach Herstellerangaben das Futter zu dosieren, als sich selber Gedanken zu machen. Zumal fast jeder Hundehalter bei der Rohfütterung in Sorge ist, ob der Hund keine Mängel entwickelt. Aber bei den eigenen Kindern macht man sich die Gedanken nicht, was ich recht eigenartig finde.

Aufgrund des hohen Getreideanteils nehmen die sogenannten Wohlstandskrankheiten, Diabetes, Allergien, Krebs, auch bei unseren Hunden in den letzten Jahrzehnten deutlich zu. Dazu kommt der sehr unüberlegte Umgang mit Impfungen, Spot-ons, Wurmkuren, Medikamenten etc. Ein Hund ist ein Fleischfresser und kann Getreide schlecht verdauen. Ich rate daher zum „BARFen" – d.h. der Hundebesitzer stellt selber für seinen Hund das Futter zusammen, das aus frischen Einzelkomponenten wie Fleisch, Gemüse, Obst und Kräutern besteht. Da sich der Verdauungsapparat des Hundes bis heute, trotz Zucht, kaum von dem des Wolfes unterscheidet, stellt die Rohfütterung für Hundehalter eine gute Möglichkeit dar, ihren Hund so gesund und naturnah wie möglich zu versorgen. Für Hundebesitzer, die wenig Zeit haben, gibt es inzwischen auch schon Fertig-BARF tiefgefroren – was sich genauso einfach wie Fertigfutter verabreichen lässt.

Bei der Umstellung auf BARF braucht es manchmal ein wenig Geduld. So kann es sein, dass es Vierbeiner gibt, die das rohe Fleisch tagelang nicht anrühren – so geprägt sind sie seit ihrer Geburt auf Aromastoffe und Geschmacksverstärker. Aber bei den allermeisten Hunden klappt es sehr problemlos und nach kurzer Zeit kann man schon deutlich positive Veränderungen des Hundes wahrnehmen. Die Tiere werden fröhlicher, ausgeglichener, bekommen schöneres und glänzenderes Fell, eine Gewichtsharmonisierung stellt sich ein, es gibt kleinere Kotmengen, die Abwehr gegen über Parasiten wird verstärkt und sie bekommen auch weniger Zahnstein.

Fertigfutter und Snacks aus dem Supermarkt taugen nach Ansicht von Sabine Schulten nicht viel

Gilt diese scharfe Kritik für alle Hersteller?

Natürlich nicht! Es gibt auch einige Futtermittelhersteller, die auch ein ganz gutes Konzept entwickelt haben. Dabei versuchen sie, die wertvollen Inhaltsstoffe, meist durch das sogenannte Kaltpressverfahren, bei dem die ausgewählten Zutaten sehr schonend verarbeitet werden, weitestgehend zu erhalten. Auf die Verwendung von Geschmacksverstärkern, Konservierungs- und Aromastoffen wird dabei in der Regel bewusst verzichtet. Jedoch ist leider auch den Deklarierungen ohne Konservierungsstoffe nicht immer zu glauben – denn der Hersteller muss sie nur deklarieren, wenn er selbst welche hinzugefügt hat. Hat er jedoch zugekaufte Komponenten verwendet, die Konservierungsstoffe enthalten, muss er diese nicht angeben. Ein Nachteil der "naturnahen" Fertigfutter ist meiner Meinung nach der Kräuteranteil. Kräuter haben eine medizinische Wirkung und sollten nur bei Bedarf oder in Kuren angewendet werden. Die tägliche Dosis kann auf Dauer einen beträchtlichen Schaden anrichten.

Sind die Käufer selbst schuld an so vielen schwarzen Schafen?

Schuld ist vielleicht nicht der richtige Ausdruck. Viele meinen, mit einem teuren Futter ihrem Liebling das Beste zu servieren. So ist es aber leider nicht. Ich denke, viele Menschen machen sich keine oder zu wenige Gedanken über diese Thematik. Daher rate ich zu einer unabhängigen Futterberatung eines ausgebildeten Ernährungsberaters oder Tierheilpraktikers, der nicht den Fokus darauf legt, seine eigenen Produkte an den Mann oder die Frau zu bringen. Es ist nicht einfach die Deklarierungen zu entschlüsseln und ebenso stellt eine Begleitung in der Anfangszeit eine gute Unterstützung dar.

Was kann ich als Verbraucher tun, um mich und meinen Hund vor schlechtem Futter zu schützen?

Ich denke, dass es wichtig wäre, wieder selbst die Verantwortung zu übernehmen, sich zu informeren und die oft so gut klingenden Werbeversprechen von Futtermittelherstellern kritisch zu hinterfragen. Mein Motto lautet dabei: Zurück zu den Wurzeln. Weniger ist oftmals mehr – ob in Bezug auf Futter und Futterzusätze so auch in Bezug auf die Themen Impfung, Wurmkur und Spot-ons.

Tierheilpraxis Küppershof

Sabine Schulten
Borggraf 3
46499 Hamminkeln-Brünen
Web: www.tierheilpraxis-kueppershof.de

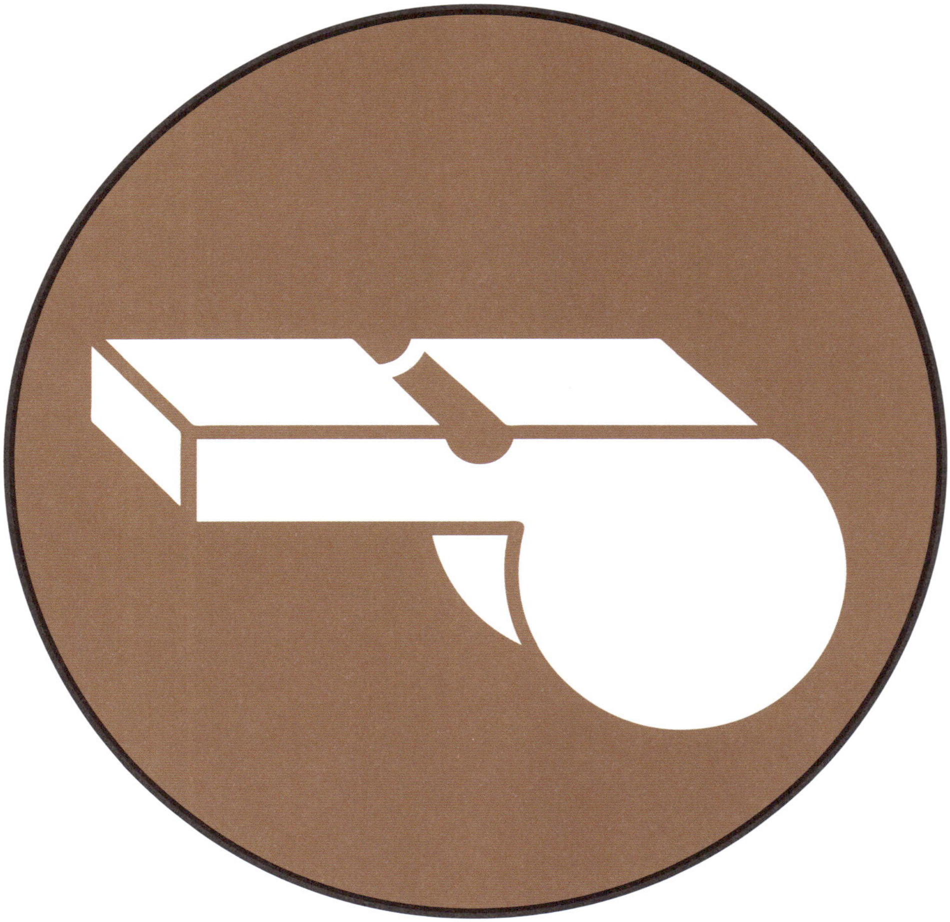

Sitz & Platz

Hundeerziehung ist eines der wichtigsten Themen in der Stadt. Hier können die Vierpföter schließlich nicht auf dem gesicherten Gartengrundstück rumrennen, sondern brauchen ein hohes Maß an Gehorsam und Zurückhaltung, um zwischen Straßenverkehr und Menschenmengen klarzukommen. Wir haben gefragt: Was müssen Stadthunde vor allem lernen? Woher weiß man, welcher Hundetrainer oder welche Hundeschule einem bei seinen Fragen und Problemen am besten weiterhelfen kann? Was sind die modernen Methoden in der Hundeerziehung? Egal, mit wem wir sprachen, eines ist sicher: Wir müssen Hunde sozialisieren und in der Stadt wesentlich mehr tun, um gut mit ihnen zusammenzuleben. Auch, um am Ende selbst ein entspannteres Leben zu führen …

Treue Begleiter

Wie aus Petra und Jack ein eingespieltes Team wurde

Auf Hunde und ihre Halter lauern sowohl in Städten als auch auf dem Lande viele Gefahren. So kann es schnell gehen, dass sich Oskar von der Leine losreißt und eine vielbefahrene Straße überquert, um auf der anderen Seite über einen anderen Rüden herzufallen, oder er macht sich auf dem Lande aus dem Staub, um Kaninchen zu jagen. Damit Hunde lernen, brav bei Fuß zu gehen, haben viele Hundeklubs die Begleithundeprüfung eingeführt.

Begleithundeprüfung als Einstieg

Eigentlich ist die Begleithundeprüfung der Einstieg in den Hundesport. Sie dient als Nachweis der Teamfähigkeit von Mensch und Hund, ohne die keine Hundesportart (Mantrailing, Agility, Zughundesport etc.) denkbar wäre. Gleichzeitig ist sie aber auch wichtig, um in einem Konfliktfall, wie etwa bei einer Beißerei zwischen Hunden, vor Gericht oder beim Ordnungsamt nachzuweisen, dass man sein Tier im Griff hat. „Im Abschlusstest zeigen Hundehalter, dass sie ihren Vierbeinern ein ungestörtes Verhältnis gegenüber der Umwelt und dem Straßenverkehr antrainiert haben“, erklärt Petra Feldkamp, die mit ihrem Jack-Russel-Rüden Jack seit knapp zwei Jahren im Hundesport aktiv ist. In der Prüfung werden Fußgehen mit und ohne Leine, Durchgehen einer sich bewegenden Personengruppe, Sitz aus der Bewegung und Platz aus der Bewegung mit anschließendem Abrufen gefordert. Außerdem muss der Hund, während ein anderer Hundeführer seinen Unterordnungsteil absolviert, unangeleint in einer Entfernung von ca. 30 Metern zu seinem Hundeführer abliegen, ohne sich dabei von anderen Hunden oder von Menschen ablenken zu lassen. Des Weiteren wird außerhalb des Hundeplatzes das sichere und freundliche Verhalten des Vierbeiners gegenüber anderen Verkehrsteilnehmern (Radfahrer, Spaziergänger, Jogger usw.) sowie anderen Hunden überprüft. Die Prüfung muss ohne die Verabreichung von Leckerchen absolviert werden. Es versteht sich daher von selbst, dass eine solche Ausbildung nichts für Welpen oder Junghunde ist und daher von den Klubs und Vereinen ein Mindestalter von 15 Monaten vorgeschrieben wird.

Ohne Regeln geht es nicht

Petra und Jack haben ihre Begleithundeprüfung bei einer Hundetrainerin im Kreis Borken absolviert, denn bei ihr hat bereits Petras Sohn mit seinen Hunden trainiert und sehr gute Erfahrungen gemacht. Petra betont, dass es heute auch für Herrchen und Frauchen, die nicht im Hundesport aktiv sind, wichtig ist, ihrem Hund

Petra mit ihrem Terrier Jack

Disziplin beizubringen: „Man muss seinen Hund im Straßenverkehr im Griff haben. So muss man seinen Vierbeiner heutzutage auch mal am Fahrrad mitführen können, ohne das er einen bei der geringsten Ablenkung aus dem Sattel wirft. Bei aller Liebe zum Tier, ein Hund sollte wissen, wer der Chef des kleinen Rudels ist."

Nach bestandener Begleithundeprüfung ist für Petra und Jack aber noch lange nicht Schluss; gerade bereiten die beiden sich auf die Schutzhundeprüfung vor. Auf die Frage, ob ein Jack-Russel ein geeigneter Schutzhund ist, bekommen wir von Petra nur ein vielsagendes Lächeln zur Antwort.

Verband für das Deutsche Hundewesen (VDH)

Westfalendamm 174
44141 Dortmund
Tel.: 0231-565000
Web: www.vdh.de

Erziehung ohne Bestechung

Wie der Hundetrainer Ralf Lügger seinen Klienten den Hund erklärt

Der mobile Hundetrainer Ralf Lügger hält bei der Hundeerziehung nichts von Leckerchen und gibt den zahlreichen Hundesendungen im Fernsehen die Schuld an den Missverständnissen zwischen Mensch und Hund. „Der Hund muss mir folgen und Respekt vor mir haben, so wie ich auch Respekt vor dem Hund habe. Wenn ich meinem Hund für jeden Gehorsam ein Leckerchen gebe, so besteche ich ihn lediglich und erreiche keine Erziehungsfortschritte“, lautet seine Devise und er erklärt weiter: „Die Kommunikation zwischen Hunden besteht in erster Linie in Mimik und Gestik. Viele Menschen wissen das nicht und glauben, mit ihrem Hund sprechen zu können, weil sie das so in den unzähligen Hundeshows sehen. Dies ist jedoch falsch. Wenn man seinem Hund z. B. sagt: ‚Mach bitte Platz‘, stellt sich doch die Frage, auf welches Wort im Satz der Hund hören soll.“ Ralf favorisiert deshalb kurze und knappe Kommandos, verbunden mit Lob in Form von Streicheln und körperlicher Zuwendung.

Seit 30 Jahren beschäftigt sich der gebürtige Badener mit der Erziehung von Hunden. Waren es zunächst die eigenen Familienhunde, so kamen später die Hunde von Freunden und Verwandten hinzu. Heute zählt er zu den erfolgreichsten und prominentesten Hundetrainern im westlichen Münsterland und arbeitet ausschließlich in der gewohnten Umgebung der Vierbeiner. Ganz bewusst verzichtet er dabei auf Einrichtungen wie Hundeplätze oder Formen der Gemeinschaftserziehung. Um seinen Klienten ihren eigenen Hund zu erklären, gründete Ralf seine mobile Hundeschule. „Ein Hundeplatz ist kein Ort für Hundeerziehung, sondern lediglich ein Spielplatz. Das eigene Haus und das Umfeld des Hundes sind die Orte, an denen ich Hundebesitzern das Wesen des Tieres nahe bringen kann. Auf einem Hundeplatz würde das nicht gelingen“, erklärt er sein Erfolgsrezept.

Dolmetscher zwischen Hund und Halter

Ralf versteht sich als Dolmetscher zwischen Hund und Halter und beklagt, dass viele Menschen sich einen Hund zulegen, ohne auch nur die geringsten Kenntnisse über das Wesen dieser Tierart zu haben. „Oft erlebe ich es, dass Menschen glauben, ein Wedeln mit der Rute sei stets ein Zeichen der Zufriedenheit ihres Hundes, was jedoch totaler Quatsch ist, denn die Menschen übertragen das, was sie in Hundeerziehungsbüchern oder in Fernsehsen-

Ralf Lügger hält nichts von Leckerchen und Hundesendungen im Fernsehen

dungen sehen, völlig unkritisch auf ihren eigenen Hund, ohne beispielsweise auf die individuellen oder rassischen Merkmale ihres Vierbeiners zu achten. Jagdhunde verhalten sich eben in vielen Bereichen anders als Pudel oder Bernhardiner. Wer sich einen Hund zulegen möchte, der sollte sich im Vorfeld ganz genau informieren und nicht vorschnell handeln.

Ein Hund braucht seiner Natur gemäß jemanden, der ihn souverän durch das Leben führt und damit Entscheidungskompetenzen für ihn übernimmt, um letztlich ein entspanntes Zusammenleben im Alltag zu sichern. Egal, ob ein Hund gerade spielt oder mit anderen Hunden in eine Konfliktsituation gerät. Der Hundehalter sollte sein Tier in jeder Situation abrufen und auf sein

Verhalten Einfluss nehmen können. Leckerchen wären in solchen Situationen alles andere als nützlich. Als Hundehalter sollte man aktiv an der Erziehung des Hundes arbeiten wollen und vor allen Dingen auch kritikfähig sein, ansonsten macht meine Arbeit als Hundtrainer keinen Sinn", erklärt Ralf Lügger und verweist darauf, dass Hunde erst etwas leisten müssen, bevor sie die Beachtung ihres Menschen erfahren; auch wenn es nur so einfache Kommandos wie Sitz oder Platz sind. In seinen Kursen lernen Hunde, wie sie sich gegenüber Joggern, Spaziergängern und Radfahrern zu verhalten haben: „Der Hund lernt bei mir, wie er sich in der modernen Umwelt zu verhalten hat, damit er ein entspanntes Hundeleben führen kann. Ich muss dem Hund vorleben, wie er sich zu verhalten hat, sonst nimmt er das Heft des Handelns selbst in die Hand, was im schlimmsten Falle bedeuten würde, dass man als Hundehalter dann Beißereien und Raufereien hilflos gegenüber steht. Der Grund, aus dem ein Hund ‚funktionieren' muss, besteht ganz einfach aus den Gegebenheiten der modernen Umwelt. Als Hundehalter müssen wir heute auf Jedermann Rücksicht nehmen. Viele Menschen haben Angst vor Hunden, deshalb sollte ein Hund im Straßenverkehr oder bei Gassigängen im Park gut auf seinen Menschen reagieren und sich nicht lange bitten lassen. Nur ein gut erzogener Hund lässt sich problemlos abrufen und beschert so seinem Halter keine Schwierigkeiten. Der Hund ist schließlich das Spiegelbild seines Menschen", sagt Ralf, und wie zum Beweis verhalten sich seine eigenen vier Hunde im Haus völlig konfliktfrei untereinander und leben auch problemlos mit einem Kater zusammen. Auf die erstaunte Frage des FRED & OTTO Reporters, wie es zu einer solchen Harmonie zwischen Hund und Katze kommt, antwortet der Hundetrainer: „Das liegt daran, dass mich die Hunde als Rudelführer vollkommen akzeptieren", ob dies freilich auch für den Kater gilt, überhört Ralf mit einem verschmitzten Grinsen.

Ralfs DogMobil

Via Salza Irpina 17
46499 Hamminkeln
Tel.: 02852-508582
Mail: ralf@ralfs-dogmobil.de
Web: www.ralfs-dogmobil.de

Checkliste:

Woran erkennt man eine gute Hundeschule?

Der / die Hundetrainer/-in:

kann eine qualifizierte Ausbildung im Bereich der Hundeerziehung/Verhaltensberatung, bevorzugt mit einem staatlich anerkannten Abschluss vorweisen (z. B. Tierarzt mit verhaltenstherapeutischer Zusatzausbildung, Hundefachwirt IHK oder Hundeerzieher und Verhaltensberater IHK, CANIS-Studium oder sonstige Zertifizierung eines größeren Verbandes).

Trainer/Hundeschulen sind Mitglied einer berufsständigen Vereinigung, bei der die Mitgliedschaft an den regelmäßigen Besuch von Fortbildungsveranstaltungen gebunden ist.

In der Hundeschule:

- richtet sich das Kursangebot nach den Bedürfnissen der Teilnehmer.
- erfolgt die Ausbildung der Hunde und ihrer Halter nach modernen, gewaltfreien Methoden und in einer angenehmen Atmosphäre für Menschen und Hunde.
- werden keine Erziehungsmethoden oder -hilfsmittel eingesetzt, die zu Schmerzen, Schäden oder Leiden beim Hund führen. Hilfsmittel, wie Stromreizgeräte, Stachelhalsbänder, Zughalsbänder ohne Stopp sowie Erziehungsgeschirre mit Zugwirkung unter den Achseln werden nicht verwendet.
- wird, besonders bei Welpen- und Grunderziehungskursen, das Verhältnis von sechs Kursteilnehmern zu einem betreuenden Trainer, in der Regel nicht überschritten.
- wird generell in überschaubaren Gruppengrößen trainiert, so dass die Trainer sich adäquat mit den einzelnen Kursteilnehmern beschäftigen können.
- findet je nach Kursziel das Training nicht ausschließlich auf dem Hundeplatz, sondern auch im öffentlichen Bereich (Stadt, Hundeauslaufgebiet, Park ...) statt.
- gibt es bei individuellen Fragestellungen und Problemen, die im Rahmen des Gruppenunterrichts nicht bearbeitet werden können, ein Angebot für Einzeltraining oder Hausbesuche. Gegebenenfalls überweist die Trainerin / der Trainer die Teilnehmerin / den Teilnehmer an spezialisierte Fachleute weiter. (Quelle: BHV)

Gelber Hund im Münsterland

Viele Hundefreunde im Münsterland unterstützen die Aktion Gelber Hund. Ursprünglich in Schweden ins Leben gerufen, ist sie mittlerweile auch in vielen anderen europäischen Ländern bekannt. Aber leider noch nicht bekannt genug.

Die Schleife als Signal

Ein Hund, der eine gelbe Schleife an der Leine oder am Halsband trägt, möchte mehr Freiraum und keinen Kontakt zu Artgenossen. Das bedeutet nicht zwingend, das der Hund eine ansteckende Krankheit hat, sondern einfach nur, dass er nicht gerne mit anderen Hunden zusammen sein möchte; sei es, weil er alt ist und die Knochen ein gemeinsames Spiel nicht mehr erlauben oder er sich in der Ausbildung befindet und der Hundeführer keine Ablenkung wünscht.

Abstand respektieren

Manche Hunde, besonders solche aus Tierheimen, sind häufig ängstlich und müssen erst ihre neue Umwelt erkunden. Manch andere Hunde haben auch schlechte Erfahrungen gemacht und wünschen deshalb keinen Kontakt zu anderen Fellnasen.

Es gibt viele gute Gründe einen Hund mit gelbem Band zu respektieren. Wir hoffen auf diesem Weg auf Ihre Unterstützung.

Geschafft! Der Hund ist müde

Beschäftigungstipps für den alltäglichen Spaziergang

Irgendwie hatte man sich das leichter vorgestellt, mit der Auslastung des höfischen Caniden. Stolz kann man zwar behaupten, nicht zu jener Sorte Hundehalter zu gehören, die das arme Ding an Geschirr und Rollleine nur zwei Mal um den Block schleift. Und die Tipps der Hundeschule berücksichtigt man auch. Im Schnitt hält man sich nicht unter zwei Stunden draußen mit seinem Gefährten auf, sorgt für ein wenig Freilauf und auch für Sozialkontakte mit anderen Hunden. Trotzdem, da liegt er wieder, schaut einen unbefriedigt an und will mehr.

Wie lässt sich der tägliche Spaziergang mit wenig Aufwand so gestalten, dass der hündische Mitbewohner im Anschluss zuckend in Traumwelten abdriftet und dort auch eine Zeit lang verweilt?

Simone Laube von den Berliner Stadthunden kennt da einige Möglichkeiten: „Man kann alles, was einem auf dem täglichen Spaziergang begegnet, für sich nutzen. Den Hund auf Mauervorsprüngen balancieren lassen, ihm den Slalom um Straßenpoller beibringen oder alle Übungen, auch an der Leine, durch Tempowechsel spannender gestalten." Für viele Hunde ist allein der Grundgehorsam in der Stadt schon eine große Herausforderung an Mut, Konzentration und Impulskontrolle. Platz auf einer erhöhten Schräge, Entfernung des Besitzers, dann ein Abrufen mit eingebautem Stopp. Auch sollte man für die alltäglichen kleinen Problemchen, den Hund mal selbst die Lösung finden lassen. Wie man hinter dem Zaun wieder vorkommt, den man an irgendeiner Stelle durchquert hat, ist eine kognitive Leistung, die manche Hunde durchaus fordert. Das Umlaufen von Bäumen auf Kommando ist eine weitere schöne Herausforderung, vor allem für Hütehunde. Kommando linksherum und rechtsherum und schließlich mit 15 Metern Abstand zu einer Reihe von Bäumen per Handzeichen gegeben und der Hund muss den richtigen Baum finden. Von unkontrolliertem Bällchenwerfen als Beschäftigung ist eher abzuraten. Aber kann ihr Hund die Selbstbeherrschung aufbringen, im Platz zu warten, bis Stock oder Ball gelandet sind und wartet er, bis er ihn suchen darf? Es darf auch mal eine kleine Kastanie sein, die im Schnee oder im hohen Gras verschwindet. Damit sind wir schon bei den Suchspielen. „Hunde lieben es, ihre Sinne, vor allem ihre Nase, zum Suchen einzusetzen", erklärt Simone Laube. „Den einen Stock unter vielen

Und was kommt jetzt? Hunde haben ein großes Bewegungs- und Erlebnisbedürfnis

im Wald findet ihr Hund schließlich durch den anhaftenden Geruch ihrer Hand". Auch den mitgenommenen Ball kann man zur Abwechslung ruhig mal gut verstecken, ein wenig Zeit verstreichen lassen und dann dem ungeduldig, oder noch besser geduldig wartenden Hund das Suchsignal geben. Hunde werden gerne gefordert.

Versteckspiele und Fährten legen

Sich selbst zu verstecken, im Moment höchster Gedankenverlorenheit des Hundes, ist auch ein schönes Spiel. Aus verwirrtem, orientierungslosem Suchen wird schnell professionelles Finden. Wer für Bello ab und zu ein wenig mehr Aufwand betreiben möchte, für den sind kleine Fährten eine wunderbare Sache. Ein Stück Wurst, Trockenfleisch o. Ä. in etwas Wasser aufgeweicht ergibt eine duftende Flüssigkeit, die man in eine kleine Flasche abgefüllt mitnehmen und als Fährte verteilen kann. Die Spur zu halten und sich von den Gerüchen der Stadt nicht ablenken zu lassen, ist eine nicht zu unterschätzende Herausforderung und harte Arbeit, die aber auch große Freude bereitet. Über den Aufbau einer einfachen Fährtensuche für Amateure oder die Freiverlorensuche gibt es ausreichend Literatur. Für Hunde mit Garten eignet sich Longieren, eine intensive aber zeitsparende Beschäftigung. Klingt es zunächst für Hunde ungewöhnlich, ist es bei genauerer Betrachtung eine wunderbare Möglichkeit, die körpersprachliche Kommunikation zwischen Hund und Halter zu optimieren.

Für gesunde, normal agile und nicht zu große Hunde ist eine der einfachsten Lösungen das Fahrradfahren. Einfach aber erst, wenn die Grundkommandos, vor allem ein sicheres Stopp aus allen Geschwindigkeiten und ein einwandfreier Rückruf, sitzen. Klappt dies, ist es eine Wonne, Hunde am Fahrrad zu beobachten. Wie sie im canidentypischen Trab, wie ihr Vorfahr, ihr Territorium gemeinsam mit ihrem Menschenkumpel durchstreifen und sich endlich einmal nicht an dessen Schneckentempo anpassen müssen. Hoher Zufriedenheitsfaktor im Anschluss inklusive. (Text: Tanja Matzku)

DIE TOP 3 FÜR ZU HAUSE

1. Suchspiele aller Art

Für Anregungen gibt es ausreichend Literatur. Man kann einfache Spiele mit Futter aufbauen, sich mit anderen Gerüchen steigern, Hütchenspiele beibringen (unter welchem Hütchen ist der Käse), Spielzeuge suchen und unterscheiden usw.

2. Tricks kleinschrittig aufbauen

Jede Art von Denksport lastet aus. Kompliziertere Tricks langsam aufzubauen macht Spaß. Lassen Sie Ihren Hund sein Hundespielzeug selber wieder in die Kiste legen (dazu muss er z. B. auf Kommando etwas nehmen, tragen, ausgeben, Richtungen verstehen etc.), die Tür schließen – wahlweise mit Pfote oder Schnauze, einen Hofknicks machen, ein Leckerchen auf der Nase balancieren und dann fangen. Trickbücher helfen.

3. Problemlösungen

Was macht der Hund mit dem rohen Ei? Oder mit dem Stückchen Wurst im Eimer? Was macht er, wenn sich ein zu suchender Gegenstand oder Futter außerhalb seiner Reichweite befindet? Was macht er, wenn sich das Futter in einem geschlossenen Pappkarton befindet?

AROUND AND

Gassi & Co.

Hundemenschen sind mobile Menschen. Zwangsläufig. Jeden Tag heißt es erneut: Raus, Gassi gehen. Die meisten wissen aber: Gassi gehen ist nicht gleich Gassi gehen. Um den Block zu streifen, macht höchstens gehbehinderte Senioren-Hunde glücklich. Hunde wollen mehr: Beschäftigung, Aufgaben, Abenteuer. Doch wo kann man das erleben? Wo sind die besten Auslaufgebiete der Stadt? Wie beschäftigt man seinen Hund beim Spaziergang? Und was macht man, wenn man Hundi mal zu Hause beschäftigen muss und die große Runde einfach nicht drin ist? Mobil sein heißt für uns Menschen aber auch: zu arbeiten, Dienstreisen zu haben, mal übers Wochenende wegzufahren. Was geschieht dann mit dem Hund? Draußen unterwegs zu sein, ist auch mit einem ganz anderen Thema verbunden: Es gibt viele Konflikte – mit Nicht-Hundehaltern, mit dem Ordnungsamt, mit anderen Hundebesitzern. Wie reagiert man darauf und bleibt souverän?

Ab ins Grüne

Gassistrecken im Münsterland

Es gibt unzählige Gassitouren kreuz und quer durch das schöne Münsterland: Kurze und ausgiebige, stadtnahe und solche, die in die „einsame“ Natur führen; Gassistrekken, die zu historisch und kulturell interessanten Zielen führen, aber auch solche, die man nach Feierabend binnen einer Stunde als Rundkurs absolvieren kann. Einige der schönsten und interessantesten stellen wir hier vor.

Von Recklinghausen zum Halterner Stausee

Die rund 18 Kilometer lange Tour startet am Bahnhof in Recklinghausen und führt über den Weitwanderweg X5 durch den Naturpark Hohe Mark-Westmünsterland bis nach Haltern am See. Obgleich der X5 durchgängig sehr gut beschildert ist, sollte man eine Wanderkarte mitführen, denn auf der rund vierstündigen Tour kommt man auf weiten Strecken durch dünnbesiedelte Bauernschaften. Hat man Recklinghausen verlassen, wird der Wanderweg zu einem schmalen Pfad, der zur ersten Raststation in Speckhorn führt. Die Bauernschaft liegt eingerahmt von Wiesen und Feldern malerisch zwischen Recklinghausen, Oer-Erkenschwick und Marl. Entlang des Weges bis nach Haltern am See gibt es für Mensch und Hund allerhand Natur zu erkunden. Da auf der gesamten Strecke nur 150 Höhenmeter zu überwinden sind, werden auch nicht sportliche Wanderer in etwa vier Stunden am Ziel sein. Je nach Jahreszeit gibt es auf den letzten Metern Äpfel, Birnen oder Pflaumen von den zahlreichen Obstbäumen zu ernten, die eine willkommene Wegzehrung bieten.

Promenade und Kanonenberg in Münster

Die Promenade in Münster ist eine ehemalige Wehranlage aus dem Mittelalter, die im 18. Jahrhundert abgetragen und nach den Plänen des berühmten Barockbaumeisters Johann Conrad Schlaun zu einer Allee umgestaltet wurde. Nach Umbauten im 19. Jahrhundert und schweren Beschädigungen während des Zweiten Weltkrieges, entschloss sich die Stadt Münster Ende der 80er Jahre die Anlage im alten Stil wiederzuerrichten. Heute ist die Promenade eine Mischung aus grüner Allee, ökologischem Park und historischem Freilichtmuseum mit Resten der alten Wehranlage und uraltem Baumbestand. Um den Charme vergangener Epochen zu erhalten, ließ die Stadt Laternen und Bänke aus dem 19. Jahrhundert nachbauen, so dass man heute mit seinem Vierbeiner auf den Spuren des Biedermeier flanieren kann. Ein Highlight ist der Kanonenberg, von dessen „Gipfel“ aus man eine wunderbare Aussicht auf den Aasee genießen kann.

Mit Kind, Kegel und Hund hinaus ins Grüne – was kann im Sommer schöner sein?

Von der Westruper Heide zum Halterner Stausee

Die nur sechseinhalb Kilometer lange Tour führt entlang eines Rundwanderweges, der am Wanderparkplatz am Flaesheimer Damm gegenüber der Westruper Heide in Haltern am See beginnt und durch eine heideartige Landschaft führt, die im Münsterland ihresgleichen sucht. Die Tour ist etwas für Gassigänger, die wochentags eine Abwechslung suchen, denn an Wochenenden sind sehr viele Spaziergänger in der Heidelandschaft anzutreffen und Parkplätze sind dann rar. Vom Parkplatz aus weisen kleine Holzmarkierungen entlang der Strecke den Weg. Das Lake Side Inn am Ufer des Stausees bietet eine schöne Einkehrmöglichkeit, um sich auf der Gassirunde mit einem Bierchen zu stärken. Da im Sommer oft Schafe auf der Heide grasen, sollten Fellnasen auf einigen Streckenabschnitten für kurze Zeit an die Leine genommen werden.

Emsauenpark in Telgte

An den Ufern der Ems schufen die Stadtväter des Wallfahrtortes Telgte Mitte der 80er Jahre einen landschaftlich bezaubernden und weitestgehend naturbelassene Parklandschaft mit Teichen, Tümpeln und Wassergräben, die heute Lebensräume für zahlreiche Tier- und Pflanzenarten bieten. Auf über 17 Hektar Fläche laden die Emslandauen zu erholsamen Gassigängen in unmittelbarer Nähe zur historischen Altstadt ein. Der Stadtpark ist eine Mischung aus Grünanlage und renaturierten Flussauen und lässt sich von der Altstadt aus bequem zu Fuß erreichen. Für verantwortungsvolle Gassigänger versteht es sich von selbst, dass sie ihre Fellnasen in der Nähe der Wasserbiotope an die Leine nehmen.

Auf dem Friedensweg von Lengerich nach Ladbergen

Die Tour führt auf einer Strecke von 14 Kilometern über den nach dem Friedensschluss von 1648 benannten Wanderweg X 1648. Gassigänger folgen auf dieser Route einer alten Botenstraße, die zum Ende des Dreißigjährigen Krieges zwischen den Städten Münster und Osnabrück eingerichtet wurde, um die Verhandlungsergebnisse der in beiden Städten tagenden Delegationen zu übermitteln. Auch der später berühmt gewordene Friedensreiter galoppierte über diesen Weg. Ausgangspunkt der etwa dreistündigen Gassitour ist das Feuerwehrhaus in Lengerich, wo man sein Auto kostenfrei abstellen kann. Die Strecke nach Ladbergen führt nicht nur durch eine landschaftlich ansprechende Gegend, sondern auch an zahlreichen historischen Bauten vorbei, von denen das kurioseste wohl das Geburtshaus des Urgroßvaters von Neil Armstrong, dem ersten Menschen auf dem Mond, ist. Die Tour endet in Ladbergen an der Bushaltestelle Christiäner. Von dort aus kann man mit der Linie R 51 zurück nach Lengerich fahren und an der Haltestelle Feuerwehrhaus wieder zu seinem eigenen Auto zurückkehren.

Rundwanderweg zwischen Riesenbeck und Bevergern

Riesenbeck und Bevergern sind zwei Ortsteile von Hörstel im Altkreis Tecklenburg und vielen Menschen wohl eher unbekannt. Der 10 Kilometer lange Rundwanderweg startet an der Reitanlage des Schlosses Surenburg. Auf dem großen Parkplatz kann man sein Auto kostenfrei parken und sich auf den Spaziergang durch wunderschöne Natur begeben. Der Wanderweg X7 markiert die erste Etappe der Tour und startet an der Gaststätte in unmittelbarer Nähe des Parkplatzes. Man folgt dem X7 in westlicher Richtung in ein Waldgebiet. Nach etwa 2,5 Kilometern erreicht man eine Lichtung, auf der mit einem „H" der Hermannsweg ausgeschildert ist. Nun heißt es rechts abbiegen und den Hermannsweg nehmen. Mal am einen und mal am anderen Ufer des Flüsschens Aa entlang führt der Hermannsweg bis nach Bevergern. Nahe dem Ort, dort wo Sandsteinpfeiler den Weg über die Brücke nach Bevergerrn säumen, nimmt man den Wanderweg X 16, der einen zurück zum Ausgangspunkt führt. Auf der rund zweistündigen Tour kann man allerhand Natur erleben. Nicht nur der Wald bietet Ruhe und Erholung, auch die Ufer des Flüsschens sind landschaftlich bezaubernd und bieten im Sommer mannigfaltige Blütenpracht.

Haard Walking Park

Auf dem Höhepunkt der Nordic-Walking-Welle eröffnete im Herbst 2005 der Haard Walking Park seine Pforten. Der Name Park ist recht irreführend, denn es handelt sich um ein Teilstück der Haard, jenes geschlossenen Waldgebietes zwischen dem Ruhrgebiet und dem Münsterland. Mittlerweile haben viele Nordic-Walker ihre Stöcke an den Nagel gehängt und der Park ist zu einem Refugium für Spazier- und Gassigänger geworden. Auf insgesamt 50 Kilometern findet der Wanderer sieben hervorragend ausgeschilderte Wanderwege, die sich durch Querverbindungen individuell verkürzen oder erweitern lassen. Über 350 Schilder sorgen dafür, dass ein Verlaufen trotz der riesigen Fläche unmöglich ist. Am Anfang jeder Tour steht eine Infotafel, die Auskünfte zum Streckenverlauf, zur Länge, zum Höhenprofil und zu Ausflugszielen am Wegesrand gibt. Die Touren sind in einfache (blaue) und mittelschwere (rote) Strecken eingeteilt. Die Streckenlänge variiert zwischen drei und neun Kilometern. Ein schöner Ausgangspunkt für den Walking Park befindet sich am Südufer des Haltener Stausees. Informationen und Kartenmaterial gibt es bei der Stadtverwaltung in Haltern am See.

Nordic Walking Park Billerbeck

Nach dem Abebben der Nordic-Walking-Welle haben Gassigänger auch den Nordic Walking Park inmitten der Billerbecker Baumberge für sich entdeckt. Mit seinen drei ausgeschilderten Touren bietet der Nordic Walking Park sowohl trainierten als auch behäbigen Wanderern geeignete Strecken. Die drei Routen sind als Rundwanderwege angelegt und variieren in ihrer Länge zwischen sechs und elf Kilometern. Jede Route ist durch eine unterschiedliche Farbe gekennzeichnet. Der Anfangs- und Endpunkt einer jeden Route ist die Freilichtbühne Billerbeck.

Dog Activity Park Vreden

In der Biologischen Station Zwillbrock eröffnete im Frühjahr 2014 der Dog Activity Park, der für Fellnasen eine echte Sensation ist. Die Anlagen im Park trainieren das Körperbewusstsein, die Koordinationsfähigkeit und die Körperbeherrschung des Hundes. Die Hunde können nach Herzenslust über verschiedene Stege balancieren, von Stein zu Stein springen und mit ihren Pfoten einen Tastpfad entlang laufen. Es gibt eine Wackelbrücke zu überwinden, Cavalettis zu meistern und eine Wippe sorgt für ausgewogenen Spielspaß. Der Dog Activity Park ist für Hunde jeder Größe geeignet und steht jedermann zur Verfügung. Alle Activities und Gerätschaften sind aus Naturmaterialien. Geplant und angelegt wurde die im Münsterland einmalige Einrichtung von der Tierver-

Der Dog Activity Park in Vreden

haltenstherapeutin und Hundetrainerin Evelyn Gericks (www.creative-training.de) aus Vreden.

Zu finden ist die Anlage am neuen großen Parkplatz vor der Biologischen Station Zwillbrock. Einfach den Prozessionsweg entlang laufen, dann kann man den Park nicht verfehlen.

Von Gronau nach Ahaus

Die rund 23 Kilometer lange Tour über den Wanderweg X 10 startet an der Antonius Kirche in der Nähe des Bahnhofs in Gronau und endet am Bahnhof in Ahaus, von wo aus man mit dem Zug zurück nach Gronau fahren kann. Die landschaftlich zauberhafte Tour führt durch das 18 Hektar große Naturschutzgebiet Flörbach sowie das Naturschutzgebiet Graeser Venn, das mit rund 78 Hektar Fläche und seinem weitflächigen Birkenwald zu den Schönsten im Münsterland zählt. Auf den ersten Kilometern durchqueren Zwei- und Vierbeiner Feuchtwiesen und kommen an stillen kleinen Seen vorbei, die im Sommer zu einem abkühlenden Bad einladen. Die Tour ist nichts für ungeübte Wanderer und sollte mit mindestens fünf Stunden veranschlagt werden. Zwar ist der Weg ausgeschildert, doch sollte man zur Sicherheit eine Wanderkarte mitführen.

Der Aaseepark in Münster

Nicht nur bei Studenten sind die Wiesen rund um den Aasee im Südwesten der Stadt seit Jahrzehnten ein beliebter Treffpunkt. Die grüne Lunge Münsters ist auch ein wunderbares Ausflugs- und Auslaufgebiet für Fellnasen, die nach Überquerung der Brücke leinenfrei toben dürfen. Rund um den 40 Hektar großen See, der durch Aufstauung des Flüsschens Aa entstand, finden Vierbeiner und ihre Halter ein 15 Kilometer langes Wanderwegenetz, das von Januar bis Dezember abwechslungsreiche Touren garantiert. In besonders kalten Wintern friert das flache Gewässer komplett zu und verwandelt sich dann in eine herrliche Eislauffläche.

Torfmoorsee

Vor den Toren Hörstels im Kreis Steinfurt liegt der beschauliche Torfmoorsee, der im Sommer zwei- und vierbeinigen Nixen erfrischenden Badespaß bietet. Entstanden ist das heutige Kleinod beim Bau der Autobahn A 30, weshalb er bei einigen Einheimischen noch immer Autobahnsee genannt wird. Das ganze Jahr hindurch lädt die wunderschöne Landschaft zu entspannenden Gassirunden ein. Die Touren rund um das Gewässer sind nicht nur erholsam, sondern auch lehrreich, denn auf dem Rundwanderweg befinden sich ein Waldlehrpfad sowie ein geologischer Lehrpfad mit 23 Gesteinsarten. Einziger Wermutstropfen: Der Parkplatz am See ist gebührenpflichtig.

Aufgepasst!

Gefahren beim Baden

Das Münsterland ist voller Seen und gleich von drei bedeutenden Kanälen durchzogen. Was liegt also näher, als seinen Hund am Wasser spazieren zu führen?

Wenn es aus den Kanälen interessante Spielzeuge zu fischen gibt, übersehen viele Hunde die Gefahren

Fast alle Hunde lieben das Wasser. Die Schwimmkünste unserer Fellnasen reichen von der Eleganz einer Meerjungfrau bis zum Kraulen eines Wasserschweins. Auch wenn Hunde von Geburt an schwimmen können und weder Schwimmlehrer noch Bademeister brauchen, können Ausflüge ins kühle Nass für sie doch allerhand Gefahren bereithalten. „Grundsätzlich sagt man, dass alle Hunde schwimmen können, dennoch ertrinken sie nicht selten vor Erschöpfung. Denn hat der Hund sich einmal überwunden, ins Nasse zu gehen, hat er oft viel Spaß am und im Wasser. Sei es durch das einfache Schwimmen, das Apportieren von Gegenständen aus dem Wasser oder als Begleiter bei Segel-, Kanu- und Bootstouren. Dabei darf die Sicherheit des Hundes jedoch nicht außer Acht gelassen werden.

Mit funktional hochwertigen Schwimmwesten können Sie sich selbst und Ihren Hund in unerwarteten Situationen – wie plötzlich auftretender Erschöpfung, aufkommende Strömungen oder unentdeckte Sogstrudel – sehr gut schützen. Diese bringen Ihren Hund auf Grund einer perfekten Passform und der unterschiedlich großen Schwimmkörper gut und sicher durch das kühle Nass, sind da mitunter lebensrettend“, erklärt Christiane Triebstein, die in Essen einen Outdoorshop für Hunde betreibt. Aber wer hat auf einer Gassirun-

Beim Baden lauern auch Gefahren

de am Aasee oder am Dortmund-Ems-Kanal schon eine Hunderettungsweste dabei? Den meisten Haltern bleibt also nur, ihren Hund beim Schwimmen im Auge zu behalten und sich mit dem Stöckchenwerfen am Kanal zurückzuhalten, wenn beispielsweise ein Frachtschiff in Anmarsch ist. Auch sollten Hunde an Kanalstrecken mit steilen Spundwänden angeleint werden, denn allein haben sie keine Chance, das Kanalbett wieder zu verlassen und auf Rettungsversuche des eigenen Herrchens oder Frauchens reagieren sie nicht selten panisch. Am besten lässt man seinen Hund in Seen baden, die einen flachen Sandstrand haben. Auch sollte man darauf achten, dass man seinen Vierbeiner nur in klaren, flachen und sauberen Gewässern abseits von Park- und Grillplätzen baden lässt, denn erstens ist dort mit weniger Zivilisationsmüll (Glasscherben und scharfkantige Bleche) zu rechnen und zweitens lassen sich Gefahren im flachen Wasser vom Halter oft schon mit dem bloßen Auge erkennen. Wer auf Nummer sicher gehen möchte, der kauft sich am besten eine Polarisationsbrille. Solche Brillen bekommt man in Angelgeräteläden. Sie schauen aus wie Sonnenbrillen und entfernen die Wasserspiegelung, so dass man in flachen Gewässern bis auf den Grund sehen und dort Gefahrenquellen ausmachen kann. Trotz gegenteiliger Meldungen im Internet und der Boulevardpresse drohen kleinen Hunden keinerlei Gefahren durch Großfische. Weder Welse noch Hechte würden einen badenden Hund attackieren.

Kutschfahrt für Fellnasen

In Heiden holt die Gassikutsche Vierbeiner von zu Hause ab

Professionelle Gassigänger tauchten vor einigen Jahrzehnten zuerst in den Häuserschluchten New Yorks und Chicagos auf. Heute findet man sie auch in vielen deutschen Großstädten, wo sie oft im Schlepptau von einem knappen Dutzend Hunden für einen Blickfang sorgen. Was für großstädtische Gassigänger recht und billig ist, wird vor den Toren Borkens von Anke Krinke mühelos überboten, denn die Züchterin von Bordeauxdoggen hat 2005 mit ihrer Gassikutsche einen ganz besonderen Service ins Leben gerufen: Sie holt Fiffi, Bello, Susi, Strolch und Co. in einem speziell für sicheren und komfortablen Hundetransport umgebauten VW-Bus von zu Hause ab und bietet ihnen ein ganz individuelles Tagesprogramm.

Für die gelernte Tierarzthelferin stand schon früh fest, dass sie beruflich etwas mit Tieren machen wollte; und weil im ländlichen Raum um Borken keine vernünftige Hundetagesstätte zu finden war, beschloss sie kurzerhand, selbst eine zu eröffnen. Die Herrchen und Frauchen von Ankes Gassikutschen-Passagieren kommen aus allen Alters- und Gesellschaftsschichten. Dabei sind es überraschenderweise nicht nur berufstätige Menschen, die ihren Hund in die Obhut der Kutscherin geben, sondern auch ältere Leute, denen die Kraft fehlt, selbst auf eine ausgedehnte Runde zu gehen, die ihrem Tier aber nicht den nötigen Auslauf verweigern wollen. „Natürlich sind es in erster Linie Menschen, die morgens und abends einen weiten Weg von und zur Arbeit zurücklegen müssen. Ich habe aber nicht nur Stammkunden. Sehr viele Menschen wenden sich auch in Krankheitsfällen oder wenn sie wichtige Besorgungen zu machen haben, an mich. Meine Kunden schätzen die Flexibilität und auch den Abhol- und Bringservice“, erklärt sie ihr einfaches und für das westliche Münsterland einzigartiges Geschäftskonzept. Anke achtet stets auf den individuellen Charakter des Hundes. „Manche Hunde hole ich nur zu einer Gassirunde ab, andere fordern schon mehr Auslastung und möchten mich auf eine Fahrradtour begleiten. Je nach Wesensart des Tieres muss ich also eine entsprechende Bespaßung anbieten“, erzählt sie weiter. In der Regel verbringen die Hunde den Tag in Kleingruppen, wobei die Tagesmutter dar-

In Heiden bei Borken ist Anke Krinke mit ihrer motorisierten Gassikutsche im Dienste der Fellnasen unterwegs

auf bedacht ist, dass nie mehr als sechs bis maximal acht Fellnasen eine Gruppe bilden. Selten hat sie Probleme mit unverträglichen Tieren, was wohl auch daran liegt, dass ihre Anlage voll und ganz auf die Bedürfnisse der Vierbeiner ausgerichtet ist. Neben Freilaufflächen von insgesamt 2800 Quadratmetern steht den Hunden in Heiden ein ganzes Haus zur Verfügung, das als Hundewohnung eingerichtet ist. „Hunde, die absolut keine Gesellschaft von Artgenossen mögen, werden von mir individuell betreut. Das kommt zwar nur sehr selten vor, ist aber kein Problem, denn schließlich soll sich ja jeder Vierbeiner bei mir wohlfühlen und sein ganz persönliches Tagesprogramm genießen können“, sagt Anke, die bei ihrer Arbeit nicht nur von ihrem Mann, sondern auch von vier lammfrommen Bordeauxdoggen unterstützt wird. Damit es auch allen Gästen der Gassikutsche kulinarisch an nichts mangelt, bekommen sie ihr Lieblingsleckerchen pünktlich und wie von daheim gewohnt im Restaurant der Hundewohnung verabreicht. Manchen Gästen gefällt es bei Anke so gut, dass sie gar nicht nach Hause wollen. Auch für solche Passagiere bietet die Gassikutsche einen rundum Service, denn die Hundewohnung ist selbstverständlich auch eine Hundepension, die von Januar bis Dezember geöffnet hat.

Hundebetreuungsservice „Gassikutsche“

Anke Krinke
Eschweg 44
46325 Borken
Tel.: 02861-903116
Web: www.gassikutsche.de

Checkliste Hundetagesstätte

Hundetagesstätten sind nicht gleich Hundetagesstätten. Bei der Beurteilung von Hundehotels helfen folgende Bewertungskriterien:

1. Wie viel Bewegungsfreiheit bietet das Hundehotel meinem Vierbeiner und wie oft wird er Gassi geführt?
2. Welches Personal kümmert sich um meinen Hund?
3. Wie groß ist das Rudel und wie gehen die Hunde miteinander um?
4. Welche Ausbildung haben Betreiber und Mitarbeiter?
5. Welche Erziehungsmethoden werden angewendet und stimmen diese mit meinen überein?
6. Räumt die Tagesstätte meinem Hund eine Eingewöhnungszeit ein?
7. Hat mein Hund dort Rückzugsmöglichkeiten für den Fall, dass es ihm zu stressig wird?
8. Was passiert, wenn mein Hund krank wird?
9. Wie werden alte und gebrechliche Hunde betreut?

Tatort Münsterland

Konflikte beim Gassi gehen

Von Welpenschutz ist nichts zu merken: Sandra und ihr Mischlingsrüde Buddy bekommen oft Ärger mit anderen Rüden, weil Buddy auch als zweijähriger Hund noch immer wie ein Welpe ausschaut – Dies ist für beide reichlich nervig

Das Münsterland mit seinen unzähligen Fellnasen ist zweifelsohne eine Hundemetropole. Aber leider nicht zwangsläufig die hundefreundlichste Region. Viele Hundehalter kennen sie, die Blicke, Kommentare und oftmals lautstarken Anfeindungen von Menschen ohne Hund. Das deutlichste Zeichen der Ablehnung von Hunden sind die erschreckend häufigen Fälle von ausgelegten Giftködern oder Ködern mit Rasierklingen in Parks und Auslaufgebieten. Es scheinen sich Fronten verfestigt zu haben. In Stadtteilen mit hoher Kinder- und Hundedichte ist das Konfliktpotential noch höher. Da wird wild mit den Augen gerollt und heftig gestikuliert, wenn ein schnüffelnder Hund dem Kinderwagen den Weg ‚versperrt'. Da muss man Position beziehen, für Hund oder für Kind. Entweder – oder. Ein entspanntes Miteinander scheint kaum noch möglich zu sein. Die steigende Bevölkerungsdichte tut ihr Übriges.

Dr. Silke Wechsung, Diplom-Psychologin aus Köln mit Schwerpunkt Mensch-Hund-Beziehung über die möglichen Gründe: „Manche Hundehalter akzeptieren nicht, dass sie durch die Hundehaltung niemanden einschränken dürfen. Nicht jeder mag Hunde, und das muss ein Hundehalter respektieren. Insofern sollte man sich mit seinem Hund verantwortungsbewusst in der Öffentlichkeit bewegen und dafür sorgen, dass man andere Menschen durch die Hundehaltung nicht belästigt, beispielsweise durch Hundekot, unangeleinte Hunde auf Kinderspielplätzen oder Liegewiesen, unerzogene, unkontrollierte Hunde, die sich nicht abrufen lassen usw. Meine Freiheit als Hundehalter endet dort, wo sie andere Menschen einschränkt."

Reizalarm

Die Gereiztheit der Menschen ohne Hund haben sich viele Hundehalter leider oft selbst zuzuschreiben. Wer seinen Hund in die Speichen eines abgesperrten Fahrrads koten lässt, der vergiftet verständlicherweise die Atmosphäre. Schade ist nur, dass nicht ausreichend differenziert wird und alle Hundehalter, auch die, die ihren Erziehungsauftrag ernst nehmen, in einen Topf geworfen werden. Und selbst wenn man sich bemüht, bleiben Kommentare nicht aus. „Als ich meinen Hund an die Leine nahm, weil eine Frau mit einem kleinen Mädchen mir entgegenkam, sagte mir die Frau in schnippischem Ton, dass ihre Tochter keine Aussätzige wäre", berichtet eine Schülerin aus Rhede. Auch wer das Geschäft seines Hundes brav eintütet und in den Mülleimer wirft, kann sich nicht in Sicherheit wiegen: „Schämen Sie sich nicht, ihre Hundesch... in einen öffentlichen Mülleimer zu werfen?" Wie man es macht, ist es verkehrt.

Überraschenderweise geraten aber vor allem auch Hundehalter untereinander häufig aneinander. Handgreiflichkeiten nicht ausgeschlossen. Allein der Versuch, einen anderen Hundehalter darauf aufmerksam zu machen, dass die Hinterlassenschaft seines Hundes vor dem Hauseingang nicht in Ordnung ist, kann ins Auge gehen. Ein unschuldiges: „Oh, du hast keine Tüten mehr, ich kann dir eine von meinen geben", ohne jeglichen Vorwurf, hat sich dagegen allerdings schon öfters als erfolgreich und sicher erwiesen. Hunde sind außerdem ein sehr emotionales Thema und in Zeiten von Hundetrainershows im Fernsehen und der Möglichkeit, sich im Internet zu informieren, laufen viele selbsternannte Hundeprofis durch die Stadt, die gerne ungefragt ihre vorwurfsvollen Erziehungsratschläge weitergeben. Übergriffige Einmischungen stoßen jedoch selten auf freudige Akzeptanz. Ein weiteres interessantes Phänomen sind eingeschworene Gruppen auf Hundeplätzen, Platzhirsche inklusive. Auf verschiedenen Grünflächen trifft man ihn, den Typus männlicher Hundehalter, mit mindestens einem großen Hund. Unnötige Konfrontationen unter den Hunden werden überlegen lächelnd toleriert und eigene Regeln aufgestellt. Vanessa (26) begegnete einer solchen Gruppierung am Wesel-Datteln-Kanal: „Als ich den Leuten sagte, dass mein Hund nicht mit anderen Hunden spielen mag, wurde ich angepöbelt und als arrogante Schlampe beschimpft."

Dr. Silke Wechsung zum Konflikt zwischen Hundehaltern: „Man sollte sich verantwortlich dafür fühlen, dass Begegnungen mit anderen Hunden friedlich ablaufen und unter der Kontrolle der Halter stattfinden. Ist beispielsweise ein anderer Hund angeleint, sollte ich meinen unangeleinten Hund nicht einfach zu diesem hin laufen

Wolfgang muss sich über die Wehrhaftigkeit von Rico keine Sorgen machen. Obwohl schon etwas grau um die Schnauze, lässt er sich von anderen Hunden nichts gefallen

lassen. […] Verantwortungsbewusstsein, Übernahme einer Führungsposition in der Mensch-Hund-Beziehung, Kenntnisse zu Sozial- und Kommunikationsverhalten von Hunden und die Motivation, zwischenmenschliche Konflikte zu vermeiden […], führen zu einem konfliktfreien Miteinander von Hundehaltern und ihren Hunden."

Freundliche Ignoranz

Gründe, sich gegenseitig Vorwürfe zu machen, scheint es ausreichend zu geben. Ob sich das Selbstverständnis Münsterländer Hundebesitzer dabei von anderen unterscheidet, bleibt zu erforschen. Wichtig ist es, Konflikte im Vorfeld zu vermeiden und sich eine passende Deeskalationsstrategie anzueignen, die das Nervenkostüm schont und Frieden schafft. Der Versuch, sich ruhig zu erklären, kann helfen. Vor allem aber lösen sich durch freundliche Ignoranz potentielle Konfliktsituationen meist auf, bevor sie wirklich beginnen. (Text: Tanja Matzku)

Forschungsgruppe Psychologie der Mensch-Hund-Beziehung, Universität Bonn

Mehr Infos unter:
www.mensch-hund-check.com

Drei Schritte zum Cooldown

„Nehmen Sie Ihren dämlichen Köter da weg!“ Welcher Hundebesitzer hat diese oder ähnliche Situationen nicht schon einmal selbst erlebt. Ob man mit seinem Hund joggen oder einfach nur einen kleinen Spaziergang im Park machen möchte, ständig lauert die Gefahr, mit anderen Menschen in Konflikt zu geraten. Dabei kann es schon mal passieren, dass die Lage eskaliert. Dass dies nicht zwangsläufig passieren muss, hängt entscheidend vom Hundebesitzer selbst ab, meint die Deeskalationsexpertin und Persönlichkeitstrainerin Mona Oellers aus Aachen. Denn mit ein paar einfachen Strategien an der Hand, lassen sich selbst die schwierigsten Situationen meistern.

Das Malheur ist schnell geschehen. Hund von der Leine, Jogger kommt, Panik. Sofort kann das zu einem handfesten Streit ausufern. Oellers rät: Sich immer zu fragen, was hinter verbalen Attacken stecken kann. Warum ein Mensch positiv oder negativ auf Hunde reagiert, hängt entscheidend von seinen persönlichen Erfahrungen, als auch von seiner individuellen Wahrnehmung ab.

Ängste und eine ablehnende Haltung gegenüber Hunden kann auf Erlebnissen beruhen, die traumatisch sind. Der Wunsch nach Distanz zum Tier sollte da respektiert werden. Die Deeskalationstrainerin weist darauf hin, dass auch bei Tieren die unausgesprochene Regel gilt, dass der eigene Nahraum bei Unterschreiten einer Armlänge Abstand, verletzt wird. Daraus entwickelt sich ein für den Menschen unangenehmes Gefühl der Bedrohung. Ist man sich dessen bewusst, fällt einem die Entscheidung, nicht selbst in eine verbale Überreaktion zu verfallen, leichter.

Wenn der Streit aber vom Zaun gebrochen ist, helfen drei Schritte zum Cooldown:

Schritt Eins

Ein erster Schritt stellt laut Oellers die ernstgemeinte Entschuldigung dar. Dabei spielt die richtige Wortwahl nur eine untergeordnete Rolle. Wichtiger sind: Positive Körpersprache, offene Haltung oder Blickkontakt, Tonfall, Mimik und Gestik. Eine flapsige, beiläufige Bemerkung oder Entschuldigungsfloskel trägt nicht dazu bei, vom Gesprächspartner ernst genommen zu werden.

Schritt Zwei

Die Entschuldigung bringt keinen Erfolg? Die Deeskalationstrainerin zeigt zwei mögliche Strategien auf, wie man auf den verbalen Frust vernünftig reagieren kann: „Geben Sie Ihrem Gegenüber einfach Recht.“ Dies wirke schnell entwaffnend, da man

Eine mögliche Äußerung wäre: „Ich verstehe Sie gut. Ich habe mich in einer ähnlichen Lage auch schon einmal so erschreckt." Dieses geäußerte Einfühlungsvermögen lässt sich als eine Form der Gemeinschaftlichkeit interpretieren. Hier entsteht eine Verbindung zwischen den Konfliktparteien auf Augenhöhe, die auf Respekt und Achtung abzielt.

Schritt Drei

Sollte dies alles nicht zum gewünschten Ergebnis führen, so ist es angebracht, wenn der Hundebesitzer von sich aus die Unterredung beendet, indem er durch einen Zweisilber wie „soso" oder „na dann" die Situation verlässt. Nachdem man versucht hat, sich einfühlend und ernstgemeint mehrmals zu entschuldigen und sein Gegenüber dennoch in Rage bleiben möchte, so hat man das Recht, diesen Streit nicht weiter zu führen, da hier vom anderen Konfliktpartner nicht signalisiert wird, sich auf eine Befriedung der Dinge einzulassen. Denn für eine erfolgreiche Kommunikation bedarf es der Mitwirkung beider Konfliktparteien.

Mona Oellers

in einer sich eskalierend entwickelnden Situation eher eine entgegengerichtete Kommunikation erwarte. Bekommt man hingegen Recht und achtet man auch hier auf eine durch eine positive Körpersprache unterstützte Sprache, so lässt sich ein scheinbarer Konflikt schnell auflösen.

Als weitere Option benennt die Konfliktexpertin das Prinzip der Angleichung. Hier erreicht man eine Deeskalation, indem man durch das Herstellen einer Parallele Verständnis für die Situation zeigt.

cooldown®

Mona Oellers
Hundertsweg 8
52076 Aachen
Tel.: 0157-85118050
Mail: info@cooldown-training.de
Web: www.cooldown-training.de

Mit dem Hund unterwegs im Münsterland

Was man wissen sollte

Hunde im Nah- und Fernverkehr

Hunde sind in Bussen und Bahnen des Zweckverbandes Schienenpersonennahverkehr Münsterland (ZVM) sowie des Verkehrsverbundes Rhein-Ruhr (VRR), der im Kreis Borken operiert, grundsätzlich erlaubt. Egal von welcher Größe oder Statur: Die Vierbeiner dürfen mit! Wer ein gültiges Ticket vorzeigen kann, der darf sich auch von mehreren Hunden in den Bussen und Bahnen begleiten lassen. In den gesamten Zügen und in den Bahnhöfen der Deutschen Bahn gilt eine Maulkorbpflicht für große Hunde. Für sie muss bei der Bahn auch ein ermäßigtes Ticket zum halben Preis gekauft werden. Bei internationalen Fernreisen zahlt der Halter den Kinderfahrpreis der 2. Klasse für seinen Hund. In Nacht- oder Autozügen sind Hunde nur in einem angemieteten Abteil zur alleinigen Nutzung zugelassen. An Bord des Zuges wird eine Pauschale von 30 Euro pro Hund erhoben.

Der Hund und der Drahtesel

Gerade in den warmen Sommermonaten treibt es viele wieder auf's Fahrrad. Wer seinen Hund nicht nebenher laufen lassen kann oder möchte, greift eventuell auf einen Hundeanhänger zurück. Gut verstaut können die Vierbeiner so durch die Stadt chauffiert werden. Besitzer kleinerer Hunde können diesen auch in einem Fahrradkorb transportieren. Für beide Möglichkeiten gilt: Der Hund muss gut gesichert sein. Denn sollte der Vierbeiner einmal etwas Interessantes entdeckt haben und lossprringen, kann es gefährlich werden. Die Straßenverkehrsordnung sagt dazu: „Von Fahrrädern aus dürfen nur Hunde geführt werden." Der Hund darf also auf dem Fahrrad oder im Anhänger mit, solange er den Verkehr nicht behindert und eine Selbst- als auch Fremdgefährdung ausgeschlossen ist.

Mit Carsharing oder Taxi unterwegs

Das Angebot von Carsharing-Unternehmen im Münsterland ist groß. Beim Anbieter „flinkster" sind Hunde gestattet. „Drive now" hat in der Regel auch nichts dagegen, solange die Autos sauber bleiben. Eventuelle Sonderreinigungen können teuer werden. Bei „car2go" dürfen hingegen keine

Im ZVM und im VRR sind Hunde willkommen und dürfen ohne besonderes Ticket mitfahren

Hunde mitgenommen werden. Eine Alternative bieten Taxis: Nach vorheriger telefonischer Absprache wird ein Taxi geschickt, das groß genug ist, um den Hund im Kofferraum unterzubringen.

Der Hund muss an die Leine

Münster und die übrigen Städte des Münsterlandes laden zum Bummeln und Flanieren ein. Fast überall darf der Hund mitkommen. Allerdings muss in Fußgängerzonen, an öffentlichen Plätzen wie z. B. in Bahnhöfen oder Geschäftshäusern, als auch in öffentlichen Verkehrsmitteln der Hund an die Leine. Die darf nicht länger als einen Meter sein. In öffentlichen Grünanlagen, Kleingärten, Waldflächen und Campingplätzen darf die Leine nicht länger als zwei Meter sein. In den Hundeauslaufflächen gilt natürlich keine Leinenpflicht, ebenso auf Gehwegen am Straßenrand.

Hundekot muss weg

Auch das gehört zum Unterwegssein: Hundehalter müssen den Hundekot aufsammeln und entsorgen. An Grünanlagen stehen manchmal Tütenspender bereit. Trotzdem sollte man am besten immer Kotbeutel dabei haben. Die Haufen liegenzulassen, kann von den Ordnungsämtern mit einem Bußgeld bestraft werden. Ein aufgeregter Anwohner, der sich in der Rolle eines Hilfssheriffs gefällt und motzend Hundehalter ihrer Pflichten belehrt, ist zumeist auch nicht fern.

Kennzeichnungspflicht und Steuermarke

Jeder Hund, der im Münsterland unterwegs ist, muss ein Halsband bzw. Geschirr mit Name und Adresse des Halters tragen. Auch die Steuermarke muss am Hund befestigt sein. Eine Haftpflichtversicherung sowie der Identifikationschip sind gesetzlich vorgeschrieben. Besitzer von Listenhunden müssen zudem einen Haltungsnachweis für das Tier dabei haben.

Große Hunde können als Fahrrad-Begleiter mitunter Schwierigkeiten machen, deshalb müssen Menschen, die ihre Hunde lieben, zuweilen auch ihr Rad schieben

la vida loca

Gesetz & Ordnung
Politik & Soziales

Hundepolitik macht jede und jeder von uns. Durch Engagement – oder durch Desinteresse. Im letzteren Fall lässt man andere bestimmen, was wir im Münsterland mit Hund dürfen und was nicht. Uns war es aber auch wichtig zu zeigen, dass Hunde nicht nur Zankapfel und „Gegenstand“ von öffentlicher Regulierung und von Gerichtsurteilen sind. Hunde tun auch etwas für unser Sozialleben.

Der Hund als Dukatenesel

Wie und wo Herrchen und Frauchen im Münsterland abgezockt werden

Wer zu privaten Zwecken einen Hund hält, muss an die Gemeinde Hundesteuer entrichten. Die Steuerhöhe kann von jeder Gemeinde frei festgelegt werden. Dabei wird nicht der Hund als Lebewesen bzw. Gegenstand besteuert, sondern die Tatsache, dass das Tier gehalten wird. Die Steuer ist einmal jährlich zu entrichten. Tierhändler und Hundezüchter sind von ihr befreit. Auch werden für Blinden- bzw. Assistenzhunde sowie gewerblich eingesetzte Wach-, Jagd- und Hütehunde keine bzw. ermäßigte Steuern erhoben. Polizei- und Rettungshunde sind stets und überall von der Steuer befreit.

Hundesteuern werden in deutschen Städten seit rund 200 Jahren erhoben. Zu Beginn des 19. Jahrhunderts führte man sie ein, um verschiedene kommunale Projekte zu finanzieren oder gab in verschleiernder bzw. täuschender Absicht vor, dass durch die Erhebung dieser Abgabe Hunde und damit auch Hundekot aus den Städten verbannt würde, denn man ging wohl davon aus, dass viele Hundefreunde ihre Freude am Vierbeiner verlieren würden, ginge es ihnen an den Geldbeutel. Tatsächlich aber sind alle in Deutschland erhobenen Steuern und damit auch die Hundesteuer nicht zweckgebunden. Sie wird also keineswegs zur Entfernung übel riechender Häufchen oder zur Schaffung von Auslaufzonen verwendet. Dies bedeutet, dass die Einnahmen aus der Hundesteuer von den Städten und Gemeinden nicht etwa zum Wohle der Hundehalter eingesetzt werden, sondern auch zum Kauf und zur Aufstellung von Verbotsschildern Verwendung finden können, die dann Hunde und ihre Halter reglementieren. Im Laufe ihrer Geschichte wurde die Hundesteuer naturgemäß nie mit Freude entrichtet. Seit ihrer Einführung wird ihre Rechtmäßigkeit immer wieder in Frage gestellt. Betroffene Bürger beklagen, dass andere Haustierarten nicht besteuert werden und weisen auf den Gleichbehandlungsgrundsatz im Grundgesetz hin. Der Bundesfinanzhof hat in mehreren Verfahren über dieses Thema beraten und entschieden, dass durch die Erhebung einer Hundesteuer kein Verstoß gegen den allgemeinen Gleichheitsgrundsatz vorliegt. Die Tatsache, dass die Haltung anderer Haustierarten nicht besteuert wird, spielt nach Ansicht der obersten Finanzrichter dabei keine Rolle; die Frage ob der Bürger solche Rechtsentscheidungen versteht, offensichtlich auch nicht.

Abzocke

Die seit der Fürstenherrschaft des 19. Jahrhunderts in Kraft gebliebene Hundesteuer reicht den Städten und Kommunen zur Abzocke ihrer Bürger aber bei weitem nicht, denn mit dem Erlass des Kampfhundegesetztes im Jahre 2002 fanden die Kommunalpolitiker in NRW eine neue und lukrative Einnahmequelle: Nun ging es in vielen Städten den Besitzern von sogenannten Kampfhunden an den Geldbeutel. Spitzenreiter bei den Abzockern im Münsterland ist der Kreis Borken, der für Listenhunde satte 960 Euro pro Jahr verlangt, während für denselben Hund im Kreis Coesfeld , wo nicht zwischen „normalen“ Hunden und Listenhunden unterschieden wird, nur 72 Euro fällig sind. Zur Verdeutlichung dieser Willkür hier eine kleine Auswahl der Hundesteuersätze im Münsterland (Stand Sommer 2014):

Borken: Ein gehaltener Hund 72 Euro. Zwei gehaltene Hunde 84 Euro je Hund. Drei und mehr gehaltene Hunde 96 Euro je Hund. Listenhunde 720 Euro, zwei oder mehr Listenhunde 960 Euro je Hund.

Steinfurt: Ein gehaltener Hund 81 Euro. Zwei gehaltene Hunde 93 Euro je Hund. Drei und mehr gehaltene Hunde 105 Euro je Hund. Listenhunde 486 Euro, zwei oder mehr Listenhunde 586 Euro je Hund drei oder mehr Listenhunde 630 Euro.

Warendorf: Ein gehaltener Hund 84 Euro. Zwei gehaltene Hunde 108 Euro je Hund. Drei und mehr gehaltene Hunde 120 Euro je Hund. Listenhunde 456 Euro je Hund.

Münster: Ein gehaltener Hund 96 Euro. Zwei gehaltene Hunde 108 Euro je Hund. Drei und mehr gehaltene Hunde 120 Euro je Hund. Listenhunde 600 Euro je Hund.

Recklinghausen: Ein gehaltener Hund 108 Euro. Zwei gehaltene Hunde 124 Euro je Hund. Drei und mehr gehaltene Hunde 140 Euro je Hund. Listenhunde werden nicht gesondert besteuert.

Bocholt: Ein gehaltener Hund 84 Euro. Zwei gehaltene Hunde 108 Euro je Hund. Drei und mehr gehaltene Hunde 126 Euro. Listenhunde werden nicht gesondert besteuert.

Coesfeld: Ein gehaltener Hund 72 Euro. Zwei gehaltene Hunde 90 Euro je Hund. Drei und mehr gehaltene Hunde 106 Euro. Listenhunde werden nicht gesondert besteuert.

Die zwei kleinen Rechte des Hundesteuerzahlers

1. Wenn ein Hundehalter im Laufe eines Steuerjahres den Wohnort wechselt und in eine andere Stadt umzieht, erhält er die am alten Wohnort erhobene Hundesteuer anteilig zurück.

2. Wenn ein Hund vor Ablauf des Steuerjahres verstirbt oder abgegeben wird, erhält der Halter die zu viel gezahlte Steuer anteilig zurück. Dazu muss er der Stadt allerdings eine vom Tierarzt ausgestellte Sterbeurkunde bzw. einen Nachweis über den Verkauf des Tieres vorlegen.

Der Wald- und Flurknigge

Worauf Hundehalter in der Natur achten sollten

Das Münsterland ist voll von Grünflächen, Äckern und Wäldern. Was gibt es Schöneres, als mit seinem Vierbeiner diese Flächen zu durchstreifen? Vielen Hundehaltern ist aber nicht bewusst, dass diese Natur nur eine Natur aus „zweiter Hand" ist, denn die Wiesen und Freiflächen werden landwirtschaftlich genutzt, die Wälder forstwirtschaftlich und jagdlich. Wie in der Stadt heißt es für Hundehalter hier also auch, Rücksicht auf die Interessen anderer Menschen zu nehmen.

Landwirte beklagen zu Recht, dass Hunde ihren Kot auf Weiden und Wiesen hinterlassen, ohne dass ihre Halter – wie in der Stadt – daran denken, die Hinterlassenschaften aufzusammeln und anderswo zu entsorgen. „Mit Hundekot verunreinigtes Heu wird von keinem Rind mehr angerührt und kann nur noch mit Stroh vermischt als Streu im Kuhstall verwendet werden. Für uns Landwirte wird die Heuernte somit völlig unrentabel", beschwert sich Rainer Nierhaus, der im Kreis Borken Milchwirtschaft betreibt. Obwohl der Bauer als Hundefreund selbst zwei Jagdhunde hält, kann er die Rücksichtslosigkeit vieler Hundebesitzer nicht verstehen und fügt an: „Heute will jeder einen Hund haben, aber nur die wenigsten haben wirklich Ahnung von ihren Vierbeinern. Viele lassen ihre Hunde überall hinmachen und riesengroße Löcher in unsere Wiesen buddeln. Auf dorfnahen Viehweiden habe ich Krater, die so groß sind, dass ich mit dem Traktor fast hängen bleibe. So etwas ist doch nun wirklich nicht nötig. Wenn man den Haltern etwas sagt, wird man noch angepöbelt." Aber nicht nur die braunen Häufchen bereiten den Landwirten Sorgen. „Manche Hundehalter glauben, dass es ein Kavaliersdelikt wäre, ihre Hunde auf meine Kühe zu hetzen. Kühe sind Herden- und somit Fluchttiere. Wenn sie auf der Flucht vor einem Hund austreten und ihn verletzten, hält sich mein Mitleid jedoch in Grenzen", beteuert Bauer Nierhaus.

Und wie sieht es im Wald aus?

Aber nicht nur angesichts von Nutzvieh auf Weiden verschließen viele Halter die Augen, wenn ihr Vierbeiner seinem Jagdtrieb folgt und durchbrennt. Besonders in den Wäldern kann es für Hunde zur tödlichen Gefahr werden, wenn sie Jagd auf Kaninchen, Hasen, Rehkitze oder flugunfähige Jungvögel machen, denn nach geltendem Jagdrecht sind Jäger dazu berechtigt, wildern-

Wer mit seinem Hund in der Natur unterwegs ist, sollte das Eine oder Andere beachten

de Hunde und Katzen zu erschießen. Im Münsterland haben sich zudem in den letzten Jahren Wildschweine stark vermehrt und sind auf streunende Hunde, die ihren Frischlingen zu nahe kommen, alles andere als gut zu sprechen. Wer seinen Hund liebt, der tut ihm einen besonderen Gefallen, wenn er ihn im Wald nicht von der Leine lässt, oder so gut erzieht, dass dieser die Wege nicht verlässt. Für alle Jagdhundrassen, denen ein natürlicher Jagdtrieb angeboren ist, sollte im Wald grundsätzlich freiwillige Leinenpflicht herrschen. Grundsätzlich warnen Jagdexperten davor, seinen Hund einem Antijagdtraining zu unterziehen, denn solche Bemühungen von Seiten einiger Hundetrainer scheinen völlig fruchtlos zu sein.

Grenzenlose Freiheit?

Hundehaltung im Fokus von Gesetz & Ordnung

Wer in den 70er und 80er Jahren oder davor aufwuchs, der erinnert sich noch an paradiesische Zeiten für Hunde und ihre Halter. Zwar galt damals auf öffentlichen Plätzen auch ein Leinenzwang, doch konnte man sich im Großen und Ganzen mit seinem Vierbeiner in der Stadt recht frei bewegen und auch die Hunde hatten beim Gassi gehen ungetrübten Spaß. Mittlerweile haben die Gesetzgeber das Halten von Hunden so weit reglementiert, dass es vielerorts ein recht zweifelhaftes Vergnügen ist, ein Hund oder ein Herrchen bzw. Frauchen zu sein. Wenn man einen Blick auf Richtersprüche aus den letzten Jahren wirft, so kann man den Eindruck gewinnen, nicht in Nordrhein-Westfalen, sondern in Schilda zu wohnen. Hier ein paar der „schönsten" Urteile:

Schlafen

Ein Hund, der sich eigenmächtig in den einzigen Eingangsbereich eines Ladengeschäfts begibt und dort so ruht, dass er den Zugang zum Geschäft versperrt, stellt ein gefährliches Hindernis dar. Stürzt und verletzt sich ein Kunde dadurch, haftet die Hundehalter als Schadensverursacher.

(Oberlandesgericht Hamm, U 96/12)

Wohnen

Die Hausordnung einer Wohnungseigentumsanlage darf ein generelles Verbot der Hundehaltung vorsehen, entschied das Oberlandesgericht Düsseldorf. Ein Verwalter kann demnach, sofern der Verkauf einer Wohnung von seiner Zustimmung abhängt, seine Einwilligung in den Verkauf verweigern, wenn die Kaufinteressenten zu erkennen geben, dass sie in der Wohnung von dem Verbot erfasste Tiere halten und auch nicht freiwillig abschaffen wollen.

(Oberlandesgericht Düsseldorf, 1997-05-05 3 WX 459/96)

Herrchen oder Frauchen?

Das Oberlandesgericht Düsseldorf musste sich mit der Frage befassen, wer bei Eheleuten für das Verhalten des Hundes in Anspruch zu nehmen sei. Im konkreten Fall kam ein PKW von der Straße ab, weil ein kleiner Hund die Straße überquert hatte. Der beklagte Ehemann beantragte Klageabweisung, weil er nicht Hundehalter sei, sondern seine Frau. Der Richter entschied jedoch, dass die tatsächlichen Halterverhältnisse für die Tierhalter-Eigenschaft nicht maßgeblich seien, es käme allein darauf an, ob das Tier in eigenem Hausstand in eigenem Interesse auf Dauer verwendet werde. Dies bejahte hier das Oberlandesgericht, so dass der Ehemann für den vom Hund seiner Gattin verursachten Schaden haften musste.

(OLG Düsseldorf, 12 U 189/70)

Garten

Seiner Verpflichtung zur Gebrauchsgewährung kommt ein Haus- oder Wohnungsvermieter bereits dann nicht in vollem Umfang nach, wenn er seinen Hund in einem vermieteten Garten seine Notdurft verrichten lässt. Dies entschied das Amtsgericht Köln. Die Richter begründeten ihren Urteilsspruch wie folgt: Zur Gewährung des Gebrauchs eines vermieteten Gartens gehört es, dass der Garten frei von Hundekot ist und somit auch barfuss vom Mieter genutzt werden kann.

(Amtsgericht Köln, Az.: 217 C 483/93)

Die folgenden beiden Beispiele mögen für Hundehalter besonders interessant sein:

Leinenzwang

Eine Regelung, wonach, ohne Rücksicht auf Art und Größe der Hunderasse, für das gesamte Gemeindegebiet ohne zeitliche Ausnahmen ein genereller Leinenzwang besteht, ist unzulässig. Dies entschied das Oberlandesgericht Hamm. Ein Hundehalter aus Lünen hatte gegen zwei von der Stadt gegen ihn erlasse Bußgeldbescheide erfolgreich geklagt. Das Gericht rügte die Stadt, weil die Bußgeldbescheide auf einer Verordnung beruhten, die weder nach Art und Größe der Hunde differenziert, noch bestimmte Zeiten auf kenntlich gemachten öffentlichen Flächen Ausnahmen vom Leinenzwang zulässt. Dem Leinenzwang zum Schutz der Bevölkerung sei zwar Vorrang einzuräumen, doch durch eine Verordnung, die keine Ausnahmen zulässt, werden die Rechte von Hundehaltern, insbesondere an einer artgerechten Tierhaltung, unangemessen eingeschränkt.

(Oberlandesgericht Hamm, Az: 55s Owi 1125/00)

Wohnen

Der Bundesgerichtshof hat durch ein Urteil abschließend entschieden, dass eine Allgemeine Geschäftsbedingung des Vermieters, welche die Haltung von Hunden und Katzen in der Mietwohnung generell untersagt, unwirksam ist. Diese Klausel benachteilige den Mieter unangemessen.

(Bundesgerichtshof, Urteil VII ZR 168/12, Vorinstanz Landgericht Essen 15 S 241/11)

NIKE

Versicherung & Schutz

Zugegeben: Es ist nicht das spannendste Thema, darüber nachzudenken, was alles Schlimmes in unserem Alltag passieren könnte. Aber Tatsache ist auch: Die Dinge geschehen nun einmal, ganz gleich, ob wir das immer wollen oder auch nicht. Da rennt der Dackel in den Dachsbau und der Jungrüde springt auf einmal auf die Straße, weil er den Duft einer läufigen Hündin vernommen hat. Versicherungen sollten somit auf jeden Fall ein Thema für Hundebesitzer sein. Wie man Hunde wiederbekommt, die verloren gegangen sind, verrät ein Interview mit dem Verein Tasso …

Gut versichert?!

Versicherungen für Hunde

Hundebesitzer wissen: Ein Arztbesuch kann teuer werden. Kleine Unannehmlichkeiten reißen zwar noch lange kein Loch in die Haushaltskasse, aber was passiert, wenn der Hund einmal ernsthaft erkrankt oder eine Operation ansteht? Das alles kann man versichern – aber lohnt sich das am Ende?

Das Rundumsorglos-Paket ist auf jeden Fall die Krankenversicherung für den Hund. Dafür werden dann fast alle Kosten beim Tierarzt übernommen: Vorsorgeuntersuchungen wie Impfungen und Wurmkuren, Operations- und Medikamentenkosten, selbst Physiotherapie oder Naturheilbehandlungen deckt der Krankenschutz ab. Die Kosten sind von verschiedenen Faktoren abhängig: Alter, Rasse und Vorerkrankungen. Für größere Hunde kommen da schon rund 40 Euro im Monat zusammen. Ebenfalls wichtig: Versicherungen nehmen Hunde nur bis zu einer bestimmten Altersgrenze auf. In den meisten Fällen beträgt die sechs bis sieben Jahre. Es sollte also gut überlegt sein, wann eine Versicherung abgeschlossen wird.

OP-Versicherung als Kompromiss

Wer nicht regelmäßig 40 Euro berappen, aber dennoch vor großen Kosten im Falle eines Unfalls oder einer OP geschützt sein will, für den kann eine OP-Versicherung die richtige Wahl sein. Operationen, Medikamente und gegebenenfalls der Aufenthalt in einer Klinik werden hier abgedeckt. Andere Behandlungen und Untersuchungen werden jedoch nicht übernommen.

Den Tierarzt fragen

Aber wann lohnt sich eine Kranken- oder OP-Versicherung für meinen Hund überhaupt? Oft kann ein Tierarzt Tipps geben, welche Versicherung am besten geeignet ist. Er weiß über Vorerkrankungen Bescheid und kann am ehesten einschätzen, wie es um die Gesundheit des Vierbeiners bestellt ist. Ein wichtiger Aspekt ist auch: Vor der Anschaffung eines Hundes sollte man sich mit der Situation auseinander setzten, dass das Tier krank werden kann. Gibt die Haushaltskasse das nötige Geld her im Falle einer Erkrankung, Verletzung oder Operation? Kann eine Bisswunde am Ende schon mal mehrere hundert Euro kosten, ist der finanzielle Aufwand beispielsweise für eine komplizierte Operation um einiges höher. Wenn man dieses Geld im Notfall nicht hat, ist eine Krankenversicherung für den Hund auf jeden Fall eine sinnvolle Sache.

Anbieter von Tierversicherungen

Uelzener Versicherungen
Web: www.uelzener.de

Agila Haustierversicherung
Web: www.agila.de

Vermisst & Gefunden

Der Verein Tasso hilft seit über 30 Jahren

Seit über 30 Jahren widmet sich TASSO im Tierschutz der Registrierung und Rückvermittlung entlaufener Tiere. So wird mittlerweile alle zehn Minuten ein entlaufenes Tier durch TASSO zurückvermittelt. Daneben unterstützt der Verein verschiedene Tierschutzprojekte im In- und Ausland und weist mit seinen Kampagnen auf wichtige Themen rund um Hund und Katze hin. Die FRED & OTTO-Redaktion sprach mit Andrea Thümmel über die Arbeit von TASSO.

Weshalb ist es so wichtig, sein Tier chippen und registrieren zu lassen?

Ohne die – übrigens kostenlose – Registrierung ist ein entlaufenes Tier so gut wie gar nicht an seinen Besitzer zurückzuvermitteln. Der Chip ist der Personalausweis des Tieres. Der dort gespeicherte 15-stellige Zahlencode wird bei TASSO mit den Tier- und Halterdaten in der Datenbank hinterlegt. So kann sekundenschnell eine Zuordnung eines entlaufenen Tieres zu seinem Besitzer erfolgen.

Muss man für das Registrieren tatsächlich immer noch so viel Öffentlichkeitsarbeit machen?

6,5 Millionen registrierte Tiere in unserer Datenbank hören sich natürlich nach viel an und die Tierärzte unterstützen uns auch seit Jahren mit Aufklärungsarbeit. Dennoch ist bisher nur knapp jedes zweite Tier bei TASSO registriert. Wenn man bedenkt, dass durch die Registrierung bei TASSO deutsche Tierheime Kosten in Millionenhöhe sparen, wenn ein Ausreißer anstatt im Tierheim, wieder Zuhause landet, dann ist jede Art der Öffentlichkeitsarbeit wichtig und sinnvoll.

Wenn mein Hund weggelaufen ist: Wie bekomme ich ihn am schnellsten wieder?

Der erste Schritt im Verlustfall sollte immer sein, bei TASSO in der Notrufzentrale anzurufen. Dort ist 24 Stunden an 365 Tagen im Jahr ein Mitarbeiter erreichbar, der weiterhilft. Wenn das Tier unsere SOS-Halsbandplakette am Halsband trägt, kann der Finder Ihres Tieres uns anrufen. Die Zusammenführung von Finder und Besitzer geht dann meist ganz schnell. Wichtig ist in diesem Zusammenhang, keine private Telefonnummer bei der Suche nach dem Tier zu veröffentlichen. Wir erleben es immer wieder, dass das Erpresser auf den Plan ruft, die ein Tier nur dann zurückgeben, wenn ein Lösegeld gezahlt wird.

Wie sieht eigentlich der Alltag in der TASSO-Zentrale aus? Was sind das für Situationen, die man täglich erlebt?

Tierschutz ist immer mit Emotionen verbunden, auch nach 30 Jahren noch. Oft sind die Kollegen wahre Seelentröster, wenn ein Tier vermisst wird oder weniger erfreuliche Nachrichten übermittelt werden müssen; am nächsten Tag sind sie dann die Helden, wenn das Tier wieder da ist. Lachen und Weinen liegt da ganz nah beieinander

Wie kam es eigentlich zur Gründung von TASSO?

TASSO wurde gegründet, um dem damals vorherrschenden Tierdiebstahl einen Riegel vorzuschieben. Das hat auch wunderbar funktioniert. Im Laufe der Jahre wurde die Rückvermittlung entlaufener Tiere aber immer wichtiger.

Mittlerweile machen Sie ja wesentlich mehr als am Anfang. Wie kam es dazu?

Für viele Tierhalter ist TASSO der Ansprechpartner, wenn es um das Thema „Tier“ geht – ganz gleich welcher Art. Neben der Registrierung rückten daher immer mehr Themen in den Vordergrund: Die Aufklärung über unseriöse Hundevermehrer in Deutschland zum Beispiel oder die Tatsache, dass man seinen Hund im Sommer nicht im verschlossenen Auto lässt. So entstand zum Beispiel auch unser eigenes Tier-Vermittlungsportal shelta, auf das Tierheime ihre Vermittlungstiere kostenlos einstellen können.

TASSO-Haustierzentralregister für die Bundesrepublik Deutschland e.V.

Frankfurter Str. 20
65795 Hattersheim
Tel.: 06190-937300
Mail: info@tasso.net
Web: www.tasso.net

Spendenkonto
Nassauische Sparkasse
IBAN: DE78 5105 0015 0238 0549 07
SWIFT-BIC: NASSDE55

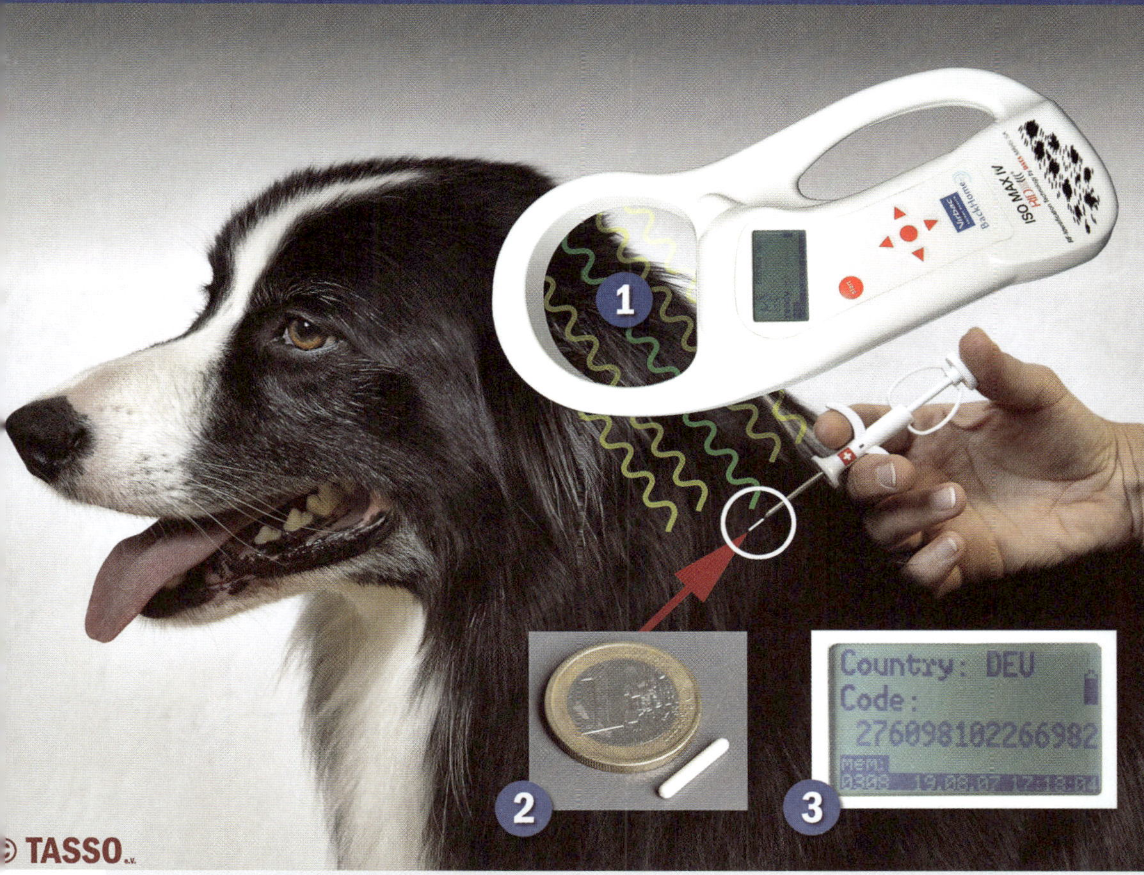

Das Lesegerät (1) sendet sehr schwache Radiowellen aus (gelb), die durch eine Spule im ansonsten völlig inaktiven Transponder (2) in elektrische Spannung umgewandelt werden, und zwar durch die so genannte induktive Kopplung. Diese Energie versorgt den Sender im Transponder, der daraufhin seinen Zahlencode ausstrahlt (grün). Das Lesegerät empfängt den Code und zeigt ihn auf dem Display an (3). Die 15-stellige Zahl besteht aus der Länderkennzeichnung (276 für Deutschland), dem Herstellercode (0981 für Datamars) und der Seriennummer. Weitere Daten enthält der Chip nicht.

Auf und davon

Was tun, wenn mein Hund wegläuft?

In den Grünanlagen und Waldgebieten des Münsterlandes herrscht, von wenigen Ausnahmen abgesehen, eine allgemeine Anleinpflicht für Hunde. Oftmals aber nehmen es die meisten Hundebesitzer mit dieser Verordnung nicht ganz so genau. Im schlimmsten Fall, so denken viele, droht ein Verwarnungsgeld von ein paar Euro vom Ordnungsamt. Jedoch kann manchmal aus zunächst harmlosen Situationen ganz schnell bitterer Ernst werden.

Man stelle sich einmal vor: Ein unangeleinter Hund überquert, aus welchen Gründen auch immer, eine vielbefahrene Straße. Natürlich schaut er weder nach rechts noch nach links. Er erreicht die gegenüberliegende Straßenseite zwar unbeschadet, doch musste ein Autofahrer so scharf bremsen, dass sich ein Auffahrunfall nicht vermeiden ließ. Zwar ist dem Fahrer nichts passiert, aber sein Auto hat nur noch Schrottwert.

Wer seinen Hund für solche Fälle nicht haftpflichtversichert hat, für den kann es jetzt schnell sehr teuer werden. Insbesondere, wenn die Feuerwehr ausrücken muss, um beispielsweise einen verletzten Hund in die Tierklinik zu transportieren oder einen in einem Fuchs- oder Dachsbau festsitzenden Dackel zu befreien. In solchen Fällen können Kosten in Höhe von ein paar hundert oder sogar tausend Euro auf den Halter zukommen. Regelmäßig liest man in der Presse von spektakulären Fällen, in denen Hunde Personen- oder Sachschäden verursacht haben. Nicht immer muss es dabei so teuer werden, wie in Berlin, wo die Feuerwehr Stunden brauchte, um einen Hund aus einem Dachsbau zu befreien, wofür sie dem Besitzer 14.000 Euro in Rechnung stellte. Zwar klagte der überraschte Halter gegen diese Rechnung, doch verpflichtete ihn das Gericht zur Zahlung.

Was trägt die Versicherung?

Juristisch lässt sich eine solche Feuerwehrrechnung nicht anfechten. Auch die Hundehaftpflichtversicherung lässt Herrchen und Frauchen an dieser Stelle im Regen stehen, denn sie kommt für Schäden dieser Art nicht auf – und zwar aus zwei Gründen. Erstens ist bei der Rettung des Hundes kein Dritter zu Schaden gekommen. In Rechnung gestellt wird quasi eine ‚Dienstleistung' der Feuerwehr. Zweitens sind mit einer Haftpflichtversicherung nur die Ansprüche versichert, die ‚privatrechtlichen Inhalts' sind, wie es im Versicherungsdeutsch heißt. Rein rechtlich gesehen stellt der sogenannte ‚Leistungsbescheid' der Feuerwehr einen öffentlichen Verwaltungsakt dar, der über die Hundehaftpflichtversicherung nicht gedeckt ist. Bei manchen Versicherungen – wie zum Beispiel bei der Uelzener Versicherung – können Rettungs- und Bergungskosten jedoch mit einer Zusatzversicherung abge-

Wenn Bello einen Schaden anrichtet, taucht er ab und Herrchen und Frauchen müssen zusehen, wie sie aus dem Dilemma herauskommen

deckt werden. Hat ein Halter lediglich eine normale Haftpflichtversicherung, wird er die Rechnung leider aus eigener Tasche bezahlen müssen.

Jeder Hund muss eine Haftpflichtversicherung haben

Das Bürgerliche Gesetzbuch schreibt vor: Wenn ein Hund Menschen, Tieren oder Gegenständen Schaden zufügt, haftet sein Halter für alle entstehenden Kosten. Und das reicht vom zerrissenen Hosenbein des Briefträgers bis hin zu ernsthaften Verletzungen oder Autounfällen. Haftung heißt in diesem Fall auch: Es können schnell enorme Kosten auf Sie zukommen. In vielen Bundesländern ist deshalb eine Hundehaftpflicht bereits heute verbindlich vorgeschrieben, so auch in NRW. Die Kosten sind relativ gering im Vergleich zu den Schäden, die evtl. entstehen können, meist sind es nur wenige Euro pro Monat – je nachdem, wie viel Sicherheit man haben möchte. Prüfen Sie daher genau, was abgedeckt ist und vergleichen Sie die verschiedenen Anbieter.

Gesundheit & Wellness

Gesundheit und Wellness sind zwei verschiedene Sachen. Bei dem einen geht es um die Wurst. Bei dem anderen könnte man sagen: Schön, muss aber nicht sein. Wenn Hunde sich wohlfühlen und es ihnen gut geht, hat das sicherlich auch Auswirkungen auf ihre Gesundheit. Ob Hundesalonbesuche jederhunds Sache sind, kann man bezweifeln. Manche schwören drauf, es gehöre zur Pflege wie der regelmäßige Tierarztbesuch und die Entwurmungskur.

Wenn es mal ernst wird und sich der Hund schwer verletzt hat, ist schnelles Handeln angesagt. Erste Hilfe am Hund! Sind Sie fit? Und wie finden Sie mitten im Wald heraus, wo der nächste Tierarzt ist? Das Thema Gesundheit könnte endlos sein. Wir haben einige Aspekte herausgegriffen: Akupunktur und sanfte Medizin.

Zu Risiken und Nebenwirkungen ...

Was ein Hundehalter über die Gesundheit seiner Fellnasen wissen sollte

Brando, ein umtriebiger Boxerrüde, ist am Kanal in eine Glasscherbe getreten. Die Pfote blutet, Brando hinkt – ab zur Tierarztpraxis. Unfälle wie diese, angeblich gefressene Giftköder und Fremdkörper gehören zu den häufigen Ursachen, weshalb Hundebesitzer zum Tierarzt gehen. Bei solchen Vorfällen sind Tierarztbesuche offensichtlich notwendig. Manch einer rennt schon bei jedem kleinen Zipperlein in die Praxis und lässt dort viel Geld. Was aber ist das richtige Maß bei der Hundegesundheit? Was kann man prophylaktisch tun, was muss man auf jeden Fall leisten?

Woran erkenne ich, dass mein Hund krank ist?

In erster Linie an seinem Verhalten: Er wirkt abgeschlagen und weniger agil, kommt nicht mehr freudig auf Sie zugerannt, wirkt unlustig und langsam oder: Er frisst nicht. Als Besitzer merken Sie diese Verhaltensänderung meist sofort. Wenn der Hund winselt oder lahmt, geht es ihm schon richtig schlecht. Häufiges Erbrechen und schlimmer Durchfall sprechen ebenfalls für sich. Oft ist auch eine trockene Nase über einen längeren Zeitraum ein Zeichen dafür, dass der Hund nicht gesund ist.

Wie wichtig sind Impfungen?

Zum absoluten Standard gehört die wirksame und sinnvolle Impfung des Hundes. Zu Anfang die Grundimmunisierung, die aus drei Impfterminen als Welpe und einer Impfung im 16. Lebensmonat besteht. Ist diese sorgfältig erfolgt, dann ist klassische 5-6-fach Impfung (gegen Staupe, Hepatitis, Tollwut, Parvovirose, Leptospirose und, falls viel Kontakt zu Fremdhunden auch Zwingerhusten) nur noch alle 3 Jahre nötig. Jährlich sollten unbedingt die bakteriellen Krankheiten, insbesondere die Leptospirose, der Tod aus den Pfützen, die bei uns leider wieder öfter auftritt, geimpft werden. Gut, dass uns inzwischen ein 4-wertiger Leptospiroseimpfstoff zur Verfügung steht, der einen besseren Schutz bietet als der bisherige 2-wertige. Bei den Viruserkrankungen haben moderne Impfstoffe eine nachgewiesene dreijährige Wirksamkeit, so dass eine jährliche Auffrischung nicht nötig ist. Auch bei Impfungen heißt der Leitspruch: So viel wie nötig, so wenig wie möglich! Im Rahmen der Allgemeinuntersuchung, die Voraussetzung für die Impfung ist, entdecken Tierärzte häufig Erkrankungen wir Ohrentzündungen, Zahnschäden, Parasiten oder Tumoren, die den

Wer die Gesundheit seines Hundes im Auge behält, kann viele schöne Jahre mit ihm erleben

Haltern nicht aufgefallen sind. So gesehen ist der jährliche Impftermin auch eine Art „Mini-TÜV", die dem Wohle des Hundes dient.

Welche Infektionskrankheiten sind besonders gefährlich?

Zuerst sind dies die klassischen Impfkrankheiten, sofern kein Impfschutz besteht. Inzwischen sind hier auch Krankheiten heimisch, die vor einigen Jahren noch als Reisekrankheiten galten. Während die Herzwurmerkrankung und die Leishmaniose noch zu den echten Reisekrankheiten gehören, die nur sehr selten in Deutschland auftreten, ohne aus dem Ausland mitgebracht worden zu sein, sind Anaplasmose, Babesiose und Hautwürmer inzwischen etablierte Inlandskrankheiten.

Wie oft soll man entwurmen?

Die Meinungen gehen bei dieser Frage auseinander. Entscheidend ist, welche Infektionsgefahr es für Menschen in einem Haushalt gibt. Wenn kleine Kinder oder immungeschwächte Menschen im Haushalt sind, dann sollte man regelmäßig und in kürzeren Abständen, beispielsweise von zwei bis drei Monaten entwurmen. Schließlich sind vom Hund übertragene Krankheiten und Parasiten wie Spulwürmer nicht zu unterschätzen. Hunde, die Würmer haben, erkennt man ggf. an Verdauungsproblemen bis hin zum Darmverschluss. Häufig ist Durchfall oder auch blutiger Kot ein eindeutiges Zeichen für Wurmbefall. Allerdings: Symptome treten leider oft erst bei einem schweren Wurmbefall auf. Leichter Wurmbefall verursacht oft gar keine Symptome! Trotzdem sind diese Tiere Erregerausscheider und ein Infektionsrisiko für den Menschen und andere Tiere.

Strahlend weiße Zähne beim Hund?

Zahnpflege beim Hund ist nicht ausschließlich eine kosmetische Angelegenheit. Die Zähne der Hunde sind genauso angreifbar wie die der Menschen. Hunde können Parodontose bekommen, Karies und Wurzelabszesse. Wenn Hunde extrem aus dem Maul riechen, kann dahinter eine Entzündung im Maul stecken. Die Keimbelastung geht unter Umständen aufs Herz und andere Organe. Einmal im Jahr sollte man parallel mit der Impfung auch die Zähne checken lassen. Zahnstein kann zum Beispiel bei leichten Belegen per Hand, bei schlimmeren Fällen auch per Ultraschall und unter Narkose entfernt werden – meist ist das ein wichtiger Beitrag zur Hundegesundheit.

Schönheits-OPs beim Hund?

OPs aus Schönheitsgründen sind durch den Tierschutz in Deutschland ausgeschlossen. Labradore mit Hängelidern, die ständig entzündet sind, Möpse, die keine Luft mehr kriegen, Bordeaux-Doggen, die krankhaft entzündliche Hautfalten haben – das sind typische Fälle, bei denen ein operativer Eingriff allerdings Sinn machen kann, um dem Hund das Leben zu erleichtern. Jeder dieser Eingriffe muss aber wohl überlegt sein.

Kastration beim Stadthund?

Nach § 6 des Tierschutzgesetzes Abs. 1 Satz 1 ist eine unbegründete Kastration eines Hundes grundsätzlich verboten. Davon ist eine Kastration aus gesundheitlichen Gründen nach tierärztlicher Indikation ausgenommen. Ausnahmen von diesem Verbot bestehen nur dann, wenn eine tierärztliche Indikation vorliegt, z. B. aufgrund einer Gebärmutterentzündung, wenn die unkontrollierte Vermehrung eingedämmt werden soll, oder wenn eine „weitere Nutzung" des Tieres ohne Kastration nicht gewährleistet werden kann. Eine Kastration darf grundsätzlich nicht aus Gründen der Bequemlichkeit durchgeführt werden, desgleichen ist sie kein Ersatz für mangelnde Erziehung und sollte mit dem Tierarzt ausführlich besprochen werden.

Erste Hilfe für Hunde

Wissenswertes für den Notfall

Es passiert immer, wenn man am wenigsten damit rechnet. Gerade noch war alles in schönster Ordnung und im nächsten Moment ist es geschehen. Unser Vierbeiner ist verletzt und wir befinden uns abseits jeglicher Zivilisation. Jetzt ist guter Rat teuer. Was tun, wie verhält man sich richtig?

Das hängt natürlich von der Art der Verletzung ab. Pfotenverletzungen durch Scherben und andere scharfe Gegenstände bluten fürchterlich. Das ist gut so. Die Blutung spült Verunreinigungen aus der Wunde. Wenn möglich, sollte der Tierhalter mit kaltem, sauberem Wasser nachspülen. Wenn möglich, kann man danach für den Transport zum Tierarzt einen provisorischen Verband anlegen. Dieser sollte im Zweifelsfall lieber zu locker als zu eng sein. Die Wunde an sich deckt man am besten mit einem sauberen Taschentuch ab. Die nächste Schicht dient der Polsterung. Hierzu kann Watte, Stoff oder anderes weiches Material verwendet werden. Obendrauf kommt nun der eigentliche Wickelverband. Muss der Verbandsschutz länger als eine Stunde auf der Pfote verbleiben, ist es unabdingbar, zwischen den ein-

Für den Notfall bereit sein – auch bei Hunden kann jederzeit was passieren

zelnen Zehen eine Polsterung einzulegen. Das ist nicht ganz einfach. Dabei darf am Vorderfuß die Daumenkralle nicht vergessen werden! Unterbleibt diese Extrapolsterung, entwickeln sich innerhalb kurzer Zeit Entzündungen zwischen den Zehen. Konnte man seinen Hund so gut versorgen, kann es nun zum Tierarzt gehen. Der kann entscheiden, ob genäht werden muss oder nicht.

Bei Insektenstichen, die vor allem in den Sommermonaten auftreten, gilt es zunächst, die entsprechende Stelle so gut wie möglich zu kühlen. Wirklich lebensbedrohlich gefährdet durch Stiche sind jedoch nur allergische Tiere. Doch leider weiß man erst hinterher, ob sein Tier überempfindlich reagiert. Bei Stichen im Bereich der Maulhöhle ist in jedem Fall unverzüglich ein Tierarzt aufzusuchen. Durch Medikamente kann er Schwellungen der Atemwege entgegenwirken. Weiß der Besitzer um eine entsprechende Empfindlichkeit seines Tieres, ist es sicherer, einige Notfall-Medikamente stets mit sich zu führen. Aber auch Läsionen durch Stöckchenwerfen stehen auf der Häufigkeitsskala der Verletzungen ganz oben. Dringen Äste oder Teile davon in den Körper ein, spricht man von einer Pfählungsverletzung. So etwas kann übel ausgehen, vor allem dann, wenn der Stock nicht in Gänze wieder entfernt werden kann, und kleine oder auch große Spreißel im Hals stecken bleiben. Sie verursachen Schwellungen und Entzündungen, die nur dann in den Griff zu bekommen sind, wenn das auslösende Agens – sprich das Holzteil – durch eine Operation entfernt wird. Hat der Besitzer den Verdacht, es könnten sich Spielzeugreste, welcher Art auch immer, im Maul befinden, muss die Maulhöhle bei gutem Licht gründlich abgesucht werden. Ist der Hund das gewohnt, macht er dieses Prozedere womöglich gut mit. Daher sollte so etwas geübt werden, bevor der Ernstfall eintritt. Entdeckt der Besitzer Stöckchenüberbleibsel, müssen diese auf jeden Fall raus. Schafft er es nicht alleine, bleibt doch nur wieder der Gang zum Tierarzt. Der kann den Hund im ungünstigsten Fall narkotisieren und mittels Endoskop Fremdkörper herausholen. Kleinere Verletzungen mit Schürfcharakter (durch Raufereien, etc.) heilen in der Regel von alleine ab. Desinfektion und Schur der Umgebungshaare können hier die Heilung unterstützen. Werden Wunden jedoch rot, dick, schmerzhaft oder tritt Flüssigkeit aus, hat sich die Sache entzündet und muss tierärztlich behandelt werden. Bei Beißereien können immer auch innere Verletzungen entstehen. Wirkt der Hund matt, frisst schlecht und/oder hat blasse Mundschleimhäute, sollte er auf jeden Fall einem Tierarzt vorgestellt werden, auch wenn von außen alles unversehrt erscheint. Auch Augenverletzungen sollten grundsätzlich tierärztlich abgeklärt werden. Hier lassen sich vom Halter in der Regel ernste von harmlosen Schädigungen nur sehr schwer voneinander abgrenzen. Da sich Verletzungen des Auges oft schnell verschlechtern, sollten Hundebesitzer, schon im eigenen Interesse, mit dem Tierarztbesuch nicht lange warten.

Beim Tierarzt oder im Zoofachhandel können Erste-Hilfe-Sets käuflich erworben werden. So hat man im Ernstfall das Notwendigste dabei. Ein schönes Geschenk für den nächsten Hundegeburtstag! (Text: Dr. Tina Hölscher, Tierärztin bei aktion tier)

Naturheilkunde für Hunde

Im Gespräch mit der Tierheilpraktikerin Sabine Schulten

Von Hause aus hatte die ehemalige Rallyefahrerin und Pferdesportlerin Sabine Schulten mit Tierheilkunde wenig am Hut. Erst als Tierärzte der chronischen Erkrankung eines ihrer Pferde hilflos gegenüber standen, befasste sie sich mit alternativen Heilpraktiken und beschloss, ihr Leben völlig in den Dienst der naturheilkundlichen Tiermedizin zu stellen. Heute ist Sabine Schulten eine der erfolgreichsten Tierhomöopathinnen Nordrhein-Westfalens und hat sich auf die Behandlung von Hunden und Pferden spezialisiert. Die FRED&OTTO-Redaktion besuchte sie auf dem Küppershof im westlichen Münsterland.

„In der Homöopathie wird das ganze Tier in die Behandlung einbezogen. Es werden nicht nur die einzelnen kranken Körperteile behandelt oder gar einzelne Symptome bekämpft; es ist das Ziel, dasjenige Mittel zu finden, das die individuelle Lebenskraft des Tieres so stärkt, dass es gesunden kann. Symptome, die auf diese Weise ausheilen, werden nicht unterdrückt, sondern stärken die Lebenskraft und den Selbstheilungsprozess. Als Tierhomöopathin ist es meine Aufgabe, das passende homöopathische Mittel zu finden und den Hundehalter entsprechend zu beraten. Die Hundebesitzer sind aber ebenfalls maßgebend an diesem Prozess beteiligt, denn je genauer sie über ihr Tier Auskunft geben können, desto einfacher und schneller findet sich das passende Mittel“, erklärt Sabine Schulten ihr homöopathisches Konzept, das Herrchen und Frauchen, anders als beim Besuch eines Tierarztes, nicht aus der Verantwortung für ihre erkrankten Tiere nimmt. Denn damit die Beschwerden angemessen behandelt werden können, sollten die Hundehalter der Tierheilpraktikerin möglichst genaue Auskünfte geben können und frühzeitig reagieren. Je genauer die Beobachtungen über den Verlauf der Krankheit sind und je detaillierter, desto sicherer und schneller kann die Krankheit behandelt werden. „Wichtig ist, dass die Halter bei der Behandlung mitarbeiten; den Therapieverlauf genau beobachten und zu den vereinbarten Terminen den Verlauf der Krankheit schildern, die Medikamente und Futterzusätze genau nach Vorgabe verabreichen und ehrliche, manchmal auch selbstkritische Auskünfte erteilen“, betont die Homöopathin.

Bei der Behandlung akuter und chronischer Tiererkrankungen kommt Sabine

Die Tierheilpraktikerin Sabine Schulten hat sich auf die Behandlung von Pferden und Hunden spezialisiert

Schulten teils auch völlig ohne Chemie und mitunter auch ohne den Einsatz pflanzlicher Medikamente aus, denn als eine der wenigen Tierheilpraktikerinnen des Münsterlandes ließ sie sich in der Kunst der traditionellen chinesischen Medizin ausbilden, zu deren erfolgreichsten Behandlungsmethoden die Akupunktur zählt. Die feinen und präzise gesetzten Nadelstiche folgen dabei den Prinzipien der traditionellen chinesischen Medizin, wobei auch hier ein ganzheitlicher Ansatz von Körper und Seele zugrunde liegt. Bei der Akupunktur betrachtet der Behandelnde das Tier in seiner Gesamtheit, wonach die Lebensenergie in Leitbahnen ähnlich eines Adersystems fließt. Bei einem gesunden Tier verläuft dieser Strom gleichmäßig und harmonisch durch den ganzen Körper. Jedoch können äußere wie auch innere Einflüsse dieses Gleichgewicht stören - eine solche Disharmonie führt auf Dauer zu Krankheit. Durch den Einsatz von Akupunkturnadeln an sorgfältig ausgewählten Körperstellen soll der harmonische Energiefluss wieder hergestellt werden und das Tier kann somit gesunden. „Dabei ist es natürlich nicht leicht, unruhige oder angstvolle Hunde zu nadeln. Etwa eine halbe Stunde dauert eine Akupunktur bei Fellnasen. Das ist die optimale Zeit, die nötig ist, damit die Nadeln ihre optimale Wirkung entfalten können; dennoch reicht es notfalls auch aus den Punkt nur anzustechen oder direkt auf einen Laser zurückzugreifen", erklärt Sabine Schulten und verweist darauf, dass die Tiere oft stressfreier in der gewohnten Umgebung zu behandeln sind. Aus diesem Grunde arbeitet sie ausschließlich als mobile Tierheilpraktikerin und ist in den Kreisgebieten Borken, Wesel und Kleve unterwegs.

Die meisten ihrer Patienten haben schon viele Tierärzte gesehen und leiden seit Jahren unter chronischen Krankheiten. „Eine naturheilkundliche Behandlung führt bei vielen chronisch kranken Hunden zur dauerhaften Genesung; zumindest noch zur Linderung. Leider wenden viele Menschen sich erst dann an mich, wenn das Tier schulmedizinisch völlig austherapiert ist. Ich kann ihren Hunden dann zwar oft noch helfen, besser wäre es jedoch, wenn man sich sofort an einen Tierheilpraktiker wendet und nicht erst dann, wenn die Nebenwirkungen der Chemie das Bild der eigentlichen Grunderkrankung völlig verwischt haben und die Behandlung zusätzlich erschweren und teils sogar unmöglich machen", sagt Sabine Schulten, die eine erklärte Feindin eines achtlosen Umgangs mit Wirkstoffen wie Kortison oder Antibiose in der chronischen Therapie ist. „Oft wurde im Vorfeld schulmedizinischer Behandlung nicht einmal eine klare Diagnose gestellt bzw. überhaupt eine Diagnostik durchgeführt", erklärt sie.

In speziellen Fällen arbeitet sie aber auch gemeinsam mit Schulmedizinern zusammen, denn auch die Naturheilkunde erreicht ihre Grenzen; z. B. dann, wenn bei Knochenbrüchen chirurgische Eingriffe unumgänglich sind. Auch sind naturheilkundliche Behandlungsmethoden bei einigen chronischen Krankheitsbildern nur noch begrenzt wirksam – dann, wenn beispielsweise eine Gewebezerstörung vorliegt. Trotzdem ist eine begleitende Behandlung auch hier sinnvoll, denn Schmerzen können schonend gelindert, die Lebensqualität im Endstadium einer Krankheit gesteigert und die Beschwerden allgemein vermindert werden.

Tierheilpraxis Küppershof

THP Sabine Schulten
Borggraf 3
46499 Hamminkeln-Brünen
Tel.: 02856-2106
Mail: schulten-kuepper@freenet.de
Web: www.tierheilpraxis-kueppershof.de

Feingemacht für die Gesundheit

Grooming erobert die Hundesalons

Bei Frauke Vaqué sind Münsteraner Fellnasen in den besten Händen

Hundefrisöre gibt es in Münster und im Münsterland unzählige. Längst sind aus den ehemaligen Pudelsalons Wellnesoasen geworden, in denen nicht nur das schicke Aussehen der Vierbeiner im Mittelpunkt steht, sondern in erster Linie die Gesundheit. Grooming heißt das neue Zauberwort beim Hundestylisten. Die FRED & OTTO Redaktion sprach mit der Groomerin Frauke Vaqué, die als gelernte Tierarzthelferin und Züchterin von Airedale Terriern seit vielen Jahren im Bereich Hundegesundheit tätig ist.

Für unsere vierbeinigen Hausgenossen ist regelmäßige Fellpflege heute sehr wichtig, denn bedingt durch die Haltung im Haus, findet der jahreszeitliche Fellwechsel bei vielen Hunden nicht mehr vollständig statt, weshalb sich oftmals Groomer um das Fell kümmern müssen. „In erster Linie geht es beim Hundefrisörtermin um die Gesunderhaltung des Hundes. Es gibt unterschiedlichste Fellstrukturen und Fellarten, die unterschiedlich gepflegt werden müssen. Beim doppelschichtigen Haarkleid zum Beispiel, welches aus Deckhaar und Unterwolle besteht, ist es sehr wichtig, dass diese Unterwolle fachmännisch entfernt bzw. ausgedünnt wird. Hierbei kommt es auf die professionelle Technik an, um beispielsweise das Deckhaar nicht zu beschädigen“, erklärt Frauke Vaqué und führt weiter aus: „Wenn diese Unterwolle nicht

Im modernen Salon steht die Gesunderhaltung des Hundefells im Mittelpunkt

korrekt entfernt wird, kann die Haut nicht mehr richtig atmen. Es kann zu Unwohlsein, Hitzestau, Hauterkrankungen sowie zu starken Verfilzungen kommen. Eigentlich funktioniert das Fellkleid der Hunde wie eine Klimaanlage und muss ebenso regelmäßig gewartet werden. Hierbei benötigen Hundebesitzer oft unsere fachmännische Hilfe. Entweder bei der Beratung und Unterstützung der geeigneten Pflegeutensilien oder eben indem wir diese Pflege vornehmen."

Wie wird man Groomer?

Die Münsteranerin hat ihren Beruf von der Pike auf gelernt. In ihrem Elternhaus gehörten Airedale Terrier schon immer zur Familie und so war es nur konsequent, dass Frauke Vaqué im Alter von 17 Jahren damit begann, die Terrier selbst zu trimmen. Bedingt durch die Tatsache, dass ihre Eltern auch eine Airedale-Terrier-Zucht betreiben, kam sie schon früh in Kontakt mit anderen Züchtern, von denen sie viel über die Pflege dieser Rassehunde lernte. Nach einer Ausbildung zur Tierarzthelferin und biologisch-technischen Assistentin, entschloss sie sich 2011, professionelle Groomerin zu werden und sich für einen Beruf zu entscheiden, der bis vor kurzem noch von vielen als Pudelfrisör bezeichnet wurde. „Die klassische ‚Modefrisur' ist heute in den Hintergrund gerückt. Die Kunden legen Wert darauf, ein gesundes, gepflegtes Tier zu haben, das rassetypisch und vor allem auch natürlich aussieht. Kamen früher überwiegend Pudel in den Salon, so kommen nun auch Golden Retriever, Langhaarrassen wie z. B. Havaneser und viele Trimmhunde, beispielsweise Terrier, zu mir und meinen Kollegen. Aber auch Kurzhaarhunde wie Mops oder Labrador kommen zum professionellen Baden. Außerdem hat sich die Beziehung vom Menschen zum Hund sehr verändert und ist deutlich enger geworden. Der Hund ist bei den meisten heutzutage ein Familienmitglied. Dadurch hat sich der Anspruch auch gegenüber dem Hundefriseur erhöht", erklärt die Fachfrau und weist jedwede Ähnlichkeit des früher so klassischen Pudelsalons weit von sich: „Der Pudel ist lange kein „Oma-Hund" mehr, genauso wenig wie die Arbeit eines Groomers noch etwas mit dem Image der Pudel-Salons in den 70er und 80er Jahren zu tun hat. "Aber besonders durch das Internet und Networking haben Kunden heutzutage die Möglichkeit, Salons zu vergleichen und Unterschiede festzustellen."

Und der gefärbte Pudel?

Natürlich kann man seinen Pudel heute in den schrillsten Farben stylen lassen: Dies ist aber in einem seriösen Salon wie dem von Frauke Vaqué nicht möglich, denn sie achtet auf den Tierschutz und besonders auf die Gesundheit „ihrer" Hunde: „Neben einer artgerechten Fellpflege werden die Hunde in meinem Salon auf ihren Gesundheits- bzw. Allgemeinzustand überprüft, Krallen geschnitten, Ohrhaare gezupft, Ohren gereinigt und auf Ektoparasiten, z. B. Flöhe oder Zecken, untersucht. Ich kontrolliere die Hunde auch auf tumoröse Veränderungen, was unsere Kunden sehr schätzen, aber natürlich keinen Tierarztbesuch ersetzen kann oder soll. So trägt der regelmäßige Besuch beim Hundefriseur zur Gesunderhaltung bei und Krankheiten können schneller erkannt werden", sagt die Groomerin zum Abschied und wir haben gelernt, dass ein Hundesalon doch kein Pudelsalon (mehr) ist.

Hundesalon felleganz

Frauke Vaqué
Am Hof Hesselmann 6
48163 Münster
Tel.: 0251-41913071
Mobil: 01522-1973561
Web: www.felleganz.de

Woran erkennt man einen guten Hundesalon?

Nach Ansicht vieler Hundefrisöre kümmern sich zu viele schwarze Schafe um die Wolle unserer Fellnasen, denn anders als in den Niederlanden oder in Frankreich ist der Berufsstand des Hundefrisörs bei uns kein Ausbildungsberuf und ist somit nicht geschützt. Um gute von schlechten Hundesalons zu unterscheiden, sollte man folgende Kriterien beachten:

- Ein guter Hundefrisör nimmt sich Zeit. Eine Fellpflege sollte daher mindestens eine Stunde in Anspruch nehmen.

- Jeder gewissenhafte und gut ausgebildete Hundefrisör nimmt sich beim Erstbesuch Zeit für ein intensives Vorgespräch, um sich über den physischen und psychischen Zustand eines Hundes zu informieren. In einer ausgiebigen Beratung sollte deutlich werden, dass der Groomer sich mit der Rasse Ihres Hundes auskennt. Er sollte Ihnen Möglichkeiten aufzeigen, wie die Behandlung bzw. die Pflege Ihres Hundes aussehen kann bzw. sollte. Solange es nicht tierschutzrelevant ist, sollten Kundenwünsche vom Groomer umgesetzt werden.

- Fast alle Salons zeigen auf ihren Webseiten Fotos von Referenzhunden. Suchen Sie sich einen Salon heraus, dessen Stil Ihnen gefällt.

- Schauen Sie sich den Salon an. Sind die Arbeitsräume sauber? Wird auf ausreichende Desinfektion der Geräte geachtet? Wird mit hochwertigen Arbeitsmaterialien gearbeitet? Tritt der Groomer professionell auf? Wird ruhig und systematisch am Hund gearbeitet?

- Schauen Sie sich den Internetauftritt des Hundefrisörs an und erkundigen Sie sich nach dessen Ausbildung.

- Gute Hundefrisöre sind ebenso viel beschäftigt wie Haarkünstler für menschliche Köpfe und vergeben daher Termine. Kann man sofort in einen Salon „springen“, ist dies meist kein gutes Zeichen.

Bachblüten bei Silvesterangst

Sanfte Medizin begeistert immer mehr Tierbesitzer

Ob Akupunktur, Bachblüten-Therapie, Homöopathie, Schüssler-Salze oder Pflanzenheilkunde – immer mehr Tierhalter wünschen sich eine ergänzende naturheilkundliche Behandlung ihrer vierbeinigen Lieblinge. Was ihnen selbst gut tut, soll auch Hund, Katze und Maus helfen, ohne oder mit weniger Nebenwirkungen wieder gesund zu werden.

Zu den ganzheitlichen Therapieverfahren gehören u.a. auch Rotlichtbestrahlung, Laser- oder Magnetfeldanwendungen, chiropraktische und osteopathische Behandlungen oder Wasseranwendungen.

Ziel dieser ganzheitlichen Behandlung ist die Regulation gestörter Funktionen im Tierkörper. Die Selbstheilungskräfte sollen angeregt und unterstützt werden. Interessierte Tierhalter finden im Münsterland eine breite Auswahl an Tierärzten, die sich naturheilkundlich fortgebildet haben. So kann die klassische Schulmedizin wunderbar ergänzt werden.

Natürlich muss ein gebrochenes Bein nach wie vor geröntgt und eingegipst oder geplattet werden. Aber für einen schnelleren Heilungsverlauf setzen viele Praxen heute z. B. homöopathische Mittel ein, um Begleitschäden wie Blutergüsse und Nervenschäden zu reduzieren.

Hunden und Katzen, die Angst vor der Silvesterknallerei haben, kann oft mit Bachblüten oder pflanzlichen Beruhigungsmitteln geholfen werden. Bei generell ängstlichen oder leicht aggressiven Tieren kann eine Bachblütentherapie die Psyche ausgleichen und den Hundehalter bei der Erziehung unterstützen. Selbstverständlich müssen die Tiere in der menschlichen Obhut artgerecht gehalten werden. Nur dann kann eine ganzheitliche Behandlung auch tiefgreifend wirken. Häufig ist auch eine begleitende Verhaltenstherapie sinnvoll, um Mensch und Tier bei der richtigen „Kommunikation" zu helfen.

Die Phytotherapie, also die Behandlung mit pflanzlichen Wirkstoffen, gehört zu den ältesten Therapieformen in unserem Kulturkreis. Verwendet werden Pflanzen, Pflanzenteile und deren Zubereitungen. Bei Nagetieren, besonders Meerschweinchen und Kaninchen, werden gerne frische oder getrocknete Heilpflanzen eingesetzt. Arz-

In der Tierarztpraxis Volbracht setzt man auf sanfte Behandlungsformen

neimittelfirmen stellen mittlerweile auch fertige Phytotherapeutika zur Verfügung. So können Verdauungsstörungen, Erkältungen oder Blasenprobleme auf natürlichem Weg behandelt werden. Fenchel, Anis und Kümmel in Form von Tee wirken gegen Blähungen, Arnikatinktur hilft als Einreibung bei Blutergüssen und Prellungen und die Ringelblume mit ihrer entzündungshemmenden und wundheilungsfördernden Kraft ist ein wahrer Segen bei älteren Wunden.

Nicht nur die Tierhalter sind froh über eine sanfte Medizin für ihren Liebling. Auch vielen Tierärzten macht die ganzheitliche Betrachtungsweise und Behandlung ihrer Patienten sehr viel Freude. (Text: Monika Volbracht)

Tierärztin Monika Volbracht

Lessingstr.10
46149 Oberhausen
Tel.: 0208-6250800
Mail: info@tierarztpraxis-volbracht.de
Web: www.tierarztpraxis-volbracht.de

Beißende Tierchen

Zecken – Gefährliche Quälgeister

Gerade bei Langhaarhunden kann die Suche nach Zecken mühsam und zeitaufwendig werden

Alle Jahre wieder das leidige Problem: Kaum ist man von der Gassirunde zurück, muss der Hund abgerieben oder gebürstet werden, um unerwünschte Mitbewohner zu entfernen. Doch bei aller Sorgfalt sitzen die Biester nur allzu oft doch wieder fest; häufig auch an Stellen, an denen man es nicht für möglich hält. Sogar am Rachen können sich Zecken festbeißen, aber ebenso oft sitzen sie an den Lefzen oder unter dem Rutenansatz. Stellen also, die man beim Bürsten nur zu oft auslässt. Was also tun? Schnell und wirksam sind chemische Mittel aus dem Fachhandel, die aber gerade von Hunden mit Allergien schlecht vertragen werden. Ist der Hund ‚Chemie verträglich', so leistet ein Scaliborhalsband hervorragende Dienste. Der Antizeckenwirkstoff wird selbst beim geliebten Baden in Seen und Flüssen nicht gemindert, so dass das Band bei allen Outdoor-Aktivitäten des Vierbeiners getragen werden kann. (Allerdings gehören diese Bänder keinesfalls in Kinderhände und noch viel weniger in Kindermünder!)

Vollkommen naturbelassen sind dagegen Bernsteinhalsbänder, denen auch ein sehr guter Schutz gegen Zecken nachsagt wird. Für Feinde der Chemie und Skeptiker des Bernsteins bietet sich Lavendelöl aus der Apotheke an. In den Nacken und/oder auf den Rist geträufelt, soll es wochenlang zur Abschreckung der gefährlichen Quälgeister dienen. Aber leider gilt auch hier, dass es bei manchen Hunden wirkt, bei anderen aber nicht. Ein Nachteil des Lavendelöls besteht außerdem darin, dass Bello riecht, als ob er in Omas Wäscheschrank genächtigt hätte. Noch schlimmer sieht es beim Teebaumöl aus. Dieser von einigen Experten hochgelobte „Duftstoff „ wehrt zwar keine Zecken ab, sorgt aber dafür, dass Hund und Halter auf der Gassirunde weder von anderen Vierbeinern noch von Menschen behelligt werden. Völlig unbestritten ist auch, dass Citronella keinerlei Wirkung auf Zecken hat, allerdings die Nase des Hundes empfindlich stören kann. Wer also mit seinem Hund Nasenarbeit in welcher Form auch immer macht, sollte in keinem Falle Citronella auftragen – auch nicht gegen Mücken, auf die es ebenfalls keine allzu abschreckende Wirkung ausübt.

Wer seinen Hund also gegen Zeckenbiss schützen möchte und dabei völlig auf Chemie verzichten will oder muss, dem bleibt nur eine gründliche und umfassende Fell- bzw. Ganzkörperuntersuchung übrig. Werden dabei Zecken gefunden, so müssen sie herausgehebelt und nicht herausgezogen oder gedreht werden.

Checkliste Zecken

Wie gefährlich sind Zecken?
Zecken sind nicht nur unangenehme Parasiten und Blutsauger, sondern können unseren Hunden auch sehr gefährlich werden. Sie übertragen Krankheiten, die oft erst nach Tagen, Wochen, Monaten oder Jahren auftreten, wenn man den Zeckenbefall schon lange vergessen hat. Besonders die von der Auwaldzecke übertragene Hundemalaria (Babesiose) ist dabei sehr gefürchtet. Anders als bei Menschen fällt die berüchtigte Borreliose bei Hunden zumeist nicht so schlimm aus.

Welche Körperstellen sind besonders gefährdet?
Die meisten Zeckenarten bevorzugen wenig behaarte Stellen mit dünner Haut. Sie setzen sich also bevorzugt an Ohren, Hals, Bauch und Innenschenkel ab, sind aber auch (besonders tückisch!) zwischen den Zehen zu finden.

Wann ist Zecken-Hochsaison?
Zecken galten früher als Sommerplage. Seit einigen Jahren befallen manche Arten unsere Vierbeiner allerdings auch im Winter. Am aktivsten sind Zecken im Juni und September. Dann sind die späten Vormittagsstunden und der frühe Abend die gefährlichsten Tageszeiten.

Wo lauert die Gefahr?
Zecken fallen nicht von Bäumen, sondern lauern auf Blättern und Gräsern in Hunde-Höhe. Von dort lassen sie sich auf den Körper fallen und suchen sich den idealen Platz im Fell.

Shopping & Lifestyle
Leben & Arbeiten

Hunde sind Lifestyle-Faktor und Anlass für manche, sie mit allem möglichen und unmöglichen Zeugs einzudecken. Darüber schreiben wir. In diesem Kapitel erwarten Sie aber auch ganz bunte Geschichten über Menschen, die sich von Hunden künstlerisch inspirieren lassen, die ihre Hunde auf Messen ausstellen, mit ihnen studieren oder wirklich kuriose Sachen für Hunde und mit Hunden machen. Zum Thema Leben & Arbeiten gehört, dass viele Hunde unmittelbar in den Arbeitsalltag einiger Menschen eingebunden sind. Wir haben zum Beispiel eine Hundetrainerin besucht, die mit ihrer Fellnase Kindern Angst vor großen Hunden nimmt. Hunde bestimmen unseren Alltag, sind Gehilfen bei der Arbeit, sind Teil unserer Lebenswelt – die glamourös sein kann, aber auch mit den politischen und sozialen Konflikten unserer Zeit zu tun hat.

Akademische Hunde

Wie Studenten Ausbildung und Hund unter einen Hut bekommen

Endlich ist die ersehnte Post von der ZVS eingetroffen und der begehrte Studienplatz in Münster in trockenen Tüchern, doch dann stellt sich plötzlich die Frage: Wohin mit dem geliebten Vierbeiner? „In den ersten Wochen des Studiums war es für mich kein großes Problem, denn ich kam ja jedes Wochenende nach Hause. Aber mit der Zeit begann Bandit sich von mir zu entwöhnen und außerdem wollte ich meinen Eltern und Geschwistern nicht zumuten, sich um ihn zu kümmern, schließlich ist Bandit ja mein Hund. Also musste er auch vom Ruhrgebiet nach Münster umziehen", erzählt die Medizinstudentin Carolin, die mit ihrem dreijährigen Labradorrüden nach langer Suche ein Zimmer in einer hundefreundlichen WG gefunden hat. Bis Bandit allerdings zu ihr ziehen konnte, stand die gebürtige Mülheimerin mehrfach am Rande eines Nervenzusammenbruchs. „Man kann sich kaum vorstellen, wie schwierig es ist, eine bezahlbare Wohnung oder ein WG-Zimmer in Münster zu bekommen, wenn man mit Hund einziehen will. Es ist ja bereits ohne Vierbeiner schon schwierig genug", berichtet sie weiter. Wie viele Vermieter abgewinkt haben, als sie erfuhren, dass Carolin gemeinsam mit Bandit eine Bleibe suchte, weiß sie nicht mehr genau: „Mindestens 20-mal musste ich mir anhören, dass es mit Hund nicht geht", resümiert die junge Frau ihre Erfahrungen, an die sie sich auch nach mehr als einem Jahr nicht gern erinnert. Über die Internetplattform der Asta Münster (www.dasbrett.ms) fand sie schließlich ihr Zimmer und freut sich darüber, dass auch ihre zwei Mitbewohnerinnen Bandit schnell in ihre Herzen geschlossen haben. „Wer einen Studienplatz in einer fremden Stadt zugeteilt bekommt und nicht auf seinen Hund verzichten will, dem kann ich nur empfehlen, sich so früh wie möglich um eine Wohnung und das ganze Drumherum zu bemühen", empfiehlt Carolin, denn neben dem Problem, eine bezahlbare Wohnung zu finden, stehen viele Studenten in Münster vor der Frage: Wohin mit meinem Hund während der Vorlesungen? „Ich habe zwar davon gehört, dass einige Professoren in den geisteswissenschaftlichen Fächern locker sind und nichts gegen einen Hund im Seminarraum einzuwenden haben, solange er sich ruhig und friedlich verhält, doch bei uns Medizinern sind Hunde absolut tabu", er-

Nach langer Suche kann Carolin nun endlich in Gesellschaft ihrer geliebten Fellnase büffeln

zählt sie weiter. Zwar ist das Internet voll von Dienstleistern, die einen Gassiservice anbieten, doch kommen Hundehotels und professionelle Gassigänger für das überschaubare Budget von Studenten nur in ganz seltenen Fällen in Frage. Carolin hatte Glück und fand auch für dieses Problem schnell eine Lösung, denn eine Nachbarin erklärte sich bereit, tagsüber für Bandit da zu sein. Wer sich nicht auf die Hilfe solch netter Nachbarn stützen kann, dem empfehlen Carolin und ihre Wohngenossinnen Internet-Kleinanzeigenforen (wie z. B. www.meinestadt.de), in denen sich neben Schülern auch immer mehr Rentner als Betreuungspersonen und Gassigänger für kleines Geld anbieten.

Kinder brauchen Hunde

Das Projekt Kind und Hund

Viele Kinder haben Angst vor Hunden. Ebenso viele Kinder glauben aber auch, in ihnen Spielgefährten zu sehen, die sie wie Teddybären behandeln können. Schnell sind sie dann überrascht, wenn das „Stofftier“ sich nicht alles bieten lässt und seine Zähne zeigt.

Damit es nicht zu Unfällen zwischen Kind und Hund kommt, haben viele Kindergärten und Grundschulen regelmäßige Besuche von Hunden in Gruppen und Klassen eingeführt. Die sogenannten Besuchshunde sollen dabei nicht nur die Angst vor dem unbekannten Wesen abbauen, sondern auch dazu beitragen, bei den Kindern ein ungestörtes Verhältnis zum Vierbeinern aufzubauen. „Als ich meinen Sohn zur Schule brachte, fiel mir auf, dass viele Kinder sich völlig unangebracht oder ängstlich meinen Hunden gegenüber verhielten. Dies brachte mich auf die Idee, mit meiner Neufundländerhündin Bali Schulklassen zu besuchen und mit den Kindern über ihr Verhalten gegenüber Hunden und den daraus möglich resultierenden Folgen zu sprechen“, so beschreibt die Marler Hundetrainerin und Tierpsychologin Nina Weiche die Initialzündung ihres Projektes Kind und Hund, in dessen Rahmen sie seit vielen Jahren, zusammen mit ihrer Hündin, Grundschulen und Kindergärten besucht. Viele Kinder kommen hier oft zum ersten Mal mit einer feuchten Fellnase in Berührung. Von viel Theorie hält die Expertin dabei wenig: „Ich gehe das Ganze recht anschaulich an. Ich frage die Kinder beispielsweise, ob ein Hund, der mit dem Schwanz wedelt, immer freundlich ist. Die Antworten fallen dann zumeist ganz klar aus und lauten: Ja. Dann gebe ich meiner Hündin einen Knochen; sie legt sich hin und knabbert. Kurze Zeit später nehme ich ihr den Knochen wieder weg und stelle mich vor sie hin. Wie zu erwarten, setzt Bali sich vor mich und wedelt. Nun Frage ich die Kinder: Meint ihr, Bali freut sich gerade darüber, dass ich ihr den Knochen weggenommen habe? Oder denkt sie vielleicht eher:‚Gib mir meinen Knochen wieder’? Das sorgt dann für ein Lachen in der Runde und die Kinder sind kurzerhand doch der Meinung, dass Wedeln nicht immer ein Ausdruck von Freundlichkeit ist. Es sind oft solche Kleinigkeiten, die helfen, Kindern das Verhalten von Hunden anschaulich zu erklären und ihnen die Kommunikationsformen von Vierbeinern aufzuzeigen.“

Aber nicht immer ist es für Nina Weiche kinderleicht, Hunde und Grundschüler miteinander vertraut zu machen. Besonders muslimische Kinder haben Vierbeinern gegenüber oft Vorbehalte und fühlen sich zwischen Tierliebe und anerzogener Scheu hin und hergerissen. Dann muss die

Wenn Nina Weiche und Bali in die Klasse kommen sind Ängste schnell ausgeräumt

Hundetrainerin zu unkonventionellen Mitteln greifen. „Ein muslimischer Junge erzählte mir einmal, dass er noch nie einen Hund angefasst hätte, obwohl er es sehr gern versuchen würde, aber sein Vater hat es ihm verboten, denn Hunde seien so unrein wie Schweine. Damit ihn niemand verpetzen konnte, haben die Erzieherin und ich ihn Bali in einem separaten Zimmer abseits der Gruppe streicheln lassen. Erst traute er sich nur langsam und ich musste ihm etwas helfen, doch dann schmuste er mit ihr. Er war so glücklich, dass es mir und der Erzieherin Tränen in die Augen trieb“, berichtet sie und weiß, dass sie in ihren Hundeschulstunden ähnlich konspirativ wie Sportlehrer im berühmt-berüchtigten Schwimmunterricht für muslimische Mädchen agiert. Für Nina Weiche steht das Wohl des Kindes im Mittelpunkt ihrer Arbeit, ist doch aus vielen wissenschaftlichen Studien bekannt, dass Tiere das Befinden und die Stimmungslage von Menschen positiv beeinflussen. Ebenso werden die Sozialkompetenzen von Kindern sowie ihre Eigen- und Fremdwahrnehmung gefördert. Durch den Umgang mit Hunden lernen Kinder die eigene aber auch fremde Körpersprache besser kennen und verstehen, denn Hunde reagieren sehr sensibel auf nonverbale Kommunikation und nehmen Menschen völlig vorurteilsfrei an. Dies hat zur Folge, dass Respekt und Akzeptanz gegenüber Mitmenschen und Tieren bei Kindern geweckt werden. Aber nicht allein der bloße Kontakt mit einem Vierbeiner ist für Kinder ein spannendes Erlebnis. Ein Besuchshund gibt ihnen Anlass, miteinander ins Gespräch zu kommen und sich über das Erlebte auszutauschen. So wird aus dem Besuchshund auch ein Brückenbauer zwischen den Kindern, der Kommunikationsbarrieren abzubauen hilft. Und damit immer mehr Kinder das Glück der ersten Begegnung mit einer Fellnase zuteilwird, sind Nina Weiche und Bali unermüdlich von Klassenzimmer zu Klassenzimmer unterwegs.

PAK Hundetrainer

Nina Weiche
Merveldtstr. 8
45772 Marl
Tel.: 02365-931620
Mail: hundepsychologie.weiche@yahoo.de
Web: www.pak-hundetrainer.de

Magische Momente

Hundefotografie der Extraklasse in Münster

Auch privat ist die Fotografin stets von Vierbeinern umgeben

Im Zeitalter schneller und flüchtiger Handyschnappschüsse bemerken viele Menschen erst nach dem Tode ihres geliebten Vierbeiners, dass sie kein einziges schönes Foto zur Erinnerung haben. Seit 2013 bietet die Münsteraner Tierfotografin Svenja Ache deshalb einen ganz besonderen Fotoservice an, denn sie versteht es meisterlich, die magischen Momente im Leben eines Hundes mit ihrer Fotokamera einzufangen. Der FRED & OTTO Redaktion hat sie ein paar Einblicke in ihre Arbeit gewährt.

„Ich hatte schon immer eine Leidenschaft für Fotografie und Tiere. Früher habe ich alles fotografiert, was mir vor die Kamera kam, egal ob Tiere, Menschen oder die Natur. Dann bekam ich 2001 meinen ersten Hund und von da an wurde er mein Hauptmotiv. Heute habe ich drei Hunde und liebe es, sie überall zu fotografieren und die Erinnerungen festzuhalten. Und so begann ich meinen Fokus auf Tiere und speziell auf Hunde zu richten. 2009 war es dann soweit und ich habe meine erste digitale Spiegelreflexkamera gekauft. Nach einigen Modellwechseln, Workshops in der Tierfotografie und vielen Anfragen habe ich 2013 endlich den Schritt ins Fotogewerbe gewagt. Ich liebe es, einfach jemanden damit eine Freude zu bereiten, indem ich sein Tier ins rechte Licht rücke", berichtet die 26-jährige gebürtige Münsterländerin über ihren Werdegang vom Amateur zum Profi. Dabei ist es alles andere als leicht, Hunde, und erst recht fremde Hunde, in der

An das Fotoshooting mit dem gehörlosen Spike verbindet Svenja Ache ganz besondere Erinnerungen

Bewegung zu fotografieren. Für die Fotografin ist es wichtig, dass die Hundehalter gemeinsam mit ihren Fellnasen gut vorbereitet zur Fotosession erscheinen, das erst nach einer Vorbereitungsphase beginnen kann. „Vor dem Shooting mache ich mich mit dem Hund vertraut, so dass ich nicht mehr völlig fremd für ihn bin und so ggf. auch den Hund in die richtige Position bringen kann. Von Vorteil ist es, wenn der Hund die Grundkommandos Sitz, Platz und Komm beherrscht. Das erleichtert ein Positionieren ungemein. Eine harmonische und vertraute Verbindung zwischen Hund und Halter ist ebenso von Vorteil. Wenn ein Vierbeiner seinem Menschen vertraut, kann man ihn zu fast allem begeistern. Aber auch wenn ein Hund nicht die Grundkommandos beherrscht, ist es möglich, ihn gut in Szene zu setzen. Man braucht dann nur einfach viel Ruhe und Geduld", berichtet sie und nennt dabei die zwei wichtigsten Tugenden einer Tierfotografin – neben einem guten Auge. Die Fotosessions finden entweder in Münster oder, wenn es sich um sehr scheue Hunde handelt, auch in der gewohnten Atmosphäre des Tieres statt. In der Regel treffen die Halter die Entscheidung, wo Svenja Ache auf den Auslöser drückt, denn sie kennen ihr Tier am besten und wissen, wann und wo es sich am wohlsten fühlt. "Ich liebe die Herausforderungen, welche die Arbeit mit Tieren mit sich bringt. Man kann ihnen nicht einfach sagen, was sie tun sollen, sondern muss individuell auf jedes Tier eingehen und schauen, wo seine Stärken liegen. Ich helfe aber auch sehr gerne bei der Ideenfindung. Das ist ja auch nicht immer so einfach. Wichtig ist, dass es bei mir keinen Zeitrahmen für ein Shooting gibt; ich nehme mir die Zeit, die das Tier braucht", erläutert sie ihre Philosophie, die bislang in vielen hundert Fotos zum Ausdruck kommt. Dabei kann es sehr helfen, das Lieblingsspielzeug oder auch das Lieblingsleckerchen des Hundes mit ans Set zu bringen. „Ansonsten hilft da auch, sich mal richtig zum Affen zu machen. Von quietschenden Geräuschen einerseits bis zum Hampelmann. Bei sehr kamerascheuen Hunden muss dann auch der Besitzer mal ran und fröhlich hin und her springen. Daher ist es praktisch, wenn noch ein weiterer Helfer anwesend ist", erzählt sie mit einem Schmunzeln. Es sind aber nicht immer nur fröhliche Shootings, die an Svenja Ache herangetragen werden; manche Einsätze gehen der Fotografin auch sehr nah: „Das Shooting mit Spike, den ich Anfang Januar 2014 fotografierte, wird mir wohl stets in Erinnerung bleiben. Er ist ein Senior und seine Besitzerin wünschte sich unbedingt schöne Fotos, da sie nicht wusste, wie lange er noch leben würde. Solche Dinge gehen

Svenja Aches Fotos entstehen mit viel Liebe fürs Detail und halten Hunde in ganz besonderen Momenten fest

Auch für die Fotoalben von Privatleuten greift die Münsteraner Fotografin zur Kamera

mir dann immer sehr nah und ich versuche solche Shootings sehr zeitnah zu schaffen. Wir trafen uns früh morgens und dort erfuhr ich erst, dass der alte Herr taub ist. Das hatte ich noch nie. Mir war klar, dass quietschende Geräusche hier also nicht funktionieren würden. Dennoch habe ich es mit viel Geduld geschafft, die gewünschten Fotos zu machen. Die Besitzerin war unendlich glücklich, als ich ihr die Ergebnisse zeigte, denn sie hatte Angst, dass durch sein Handicap keine schönen Fotos entstanden wären. Und genau wegen solcher Momente liebe ich meinen Job so sehr."

Wer seinen Vierbeiner ins rechte Licht rücken lassen möchte, der kann sich bei Svenja Ache melden.

Magical Dreams

Svenja Ache
Im Kirschgarten 31
48157 Münster
Tel.: 0176-62032507
Mail: info@magical-dreams.de
Web: www.magical-dreams.de

Misswahl in der Messehalle

Die Messe DOGLIVE in Münster

Viel „Rassiges" gab es an den Beauty-Ständen auf der Messe in der Halle Münsterland zu bestaunen

Das Hundejahr beginnt in Münster jeden Januar mit der Messe DOGLIVE in der Halle Münsterland. 150 Aussteller präsentieren an zwei Tagen alles rund um den Hund und stellen die Show unter das Motto: Mein Hund und ich. Natürlich ließen FRED & OTTO es sich nicht nehmen, ihre feuchten Nasen an den Messeständen zu reiben.

Wer als Vierbeiner die Messe DOGLIVE betritt, dem steigen bereits am Eingang verlockende Düfte entgegen, denn in Münster haben Futterexperten aus allen Teilen Deutschlands ihre Stände aufgebaut. Als FRED & OTTO Redaktion machen wir als erstes bei den Vertretern der großen Ketten halt, denn schließlich müssen wir uns ja mit dem einen oder anderen Happen für einen anstrengenden Messetag stärken. Wir entscheiden uns für einen Kraftriegel – na ja, eher für drei. Nach Kostproben an einem Dutzend weiterer Stände sind wir gesättigt und schauen uns das weitere Messeangebot an.

Schönheit für jeden Geldbeutel

Da Hunde von heute (und besonders Hundedamen) ja angeblich viel Wert auf ihr Äußeres legen, war es uns ein besonderes Anliegen, die Stände der Kosmetikindustrie aufzusuchen. Denn auf der DOGLIVE können Besucher ihren Hund live pflegen lassen. „Ein Schwerpunkt werden Doppelfellsorten sein", kündigten die Veranstalter in einer Pressemitteilung an. Mit diesem Wissen machten wir als bodenständige Kurzhaarhunde einen Bogen um

Leinen(kauf)zwang auf der Messe DOGLIVE in Münster

die Hundefrisörstände, schließlich wollten wir einen genüsslichen Sonntagnachmittag genießen und vor allem ungeschoren davonkommen – was uns als pfiffige Labradore und Mixe natürlich auch gelang. Während unseres Besuchs fiel uns auf, dass Australian Shepherds, Berner Sennenhunde und Golden Retriever besonders stark vertreten waren. „Wer seinen Hund ‚winterfest' machen möchte, sollte sich bereits frühzeitig dafür per E-Mail anmelden", hieß es in der Pressemitteilung. Wir schauten, schnupperten und stellten dann fest, dass viele Hundehalter dieser Aufforderung gefolgt waren und trotz der für Januar milden Temperaturen ihre Lieblinge trimmen und tunen ließen. Was dabei herauskam, ist Geschmackssache. Nach unserem Geschmack waren allerdings die vielen schönen Halsbänder und Leinen, die von Designern an vielen Ständen angeboten wurden; darunter sehr schöne handgemachte Stücke, mit denen man beim Gassigang in der Münsteraner Innenstadt bestimmt viel Eindruck schinden kann.

Da es den meisten Besuchern wohl um die Schönheit ihrer Fellnasen ging, präsentierten sich zahlreiche Kandidaten zur Wahl des DOGLIVE-Models. Gott sei Dank legte die Jury Wert auf Rassestandards und ein natürliches Erscheinungsbild. Insgesamt lockte die Messe im Januar 2014 rund 15.000 zweibeinige und 3.000 vierbeinige Besucher nach Münster. Wir zählten zwar nicht zu den schönsten, dafür aber zu den hungrigsten. Bevor es zurück nach Hause ging, deckten wir uns daher noch mit allerhand Leckerchen ein.

Suchen, finden und bellen

Furchtlose Retter in Coesfeld

Fellnasen kriechen ohne zu zögern in enge Röhren, zwängen sich unter tonnenschwere Betonbrocken und traben schnurstracks in verqualmte Räume. Wenn es um das Aufspüren von Menschen geht, fürchten Suchhunde weder Tod noch Teufel. Wir besuchten die Rettungshundestaffel Münsterland auf ihrem Trainingsgelände in Coesfeld und erfuhren dort höchst Erstaunliches.

Die Flächensuche

Suchhunde kennen die meisten Menschen nur aus Spielfilmen, wo sie als Bluthunde bezeichnet werden und die Fährten flüchtiger Menschen verfolgen. Neben diesem sogenannten Mantrailing gibt es noch weitere Sucharten wie beispielsweise die Flächensuche, die Trümmersuche, die Lawinensuche oder die Wasserortung. „Mantrailing ist die spezifische Personensuche, bei der ein Hund eine ganz bestimmte Person sucht. Zwar bilden wir in unserer Staffel auch Mantrailingteams aus, doch unsere Flächen- und Trümmersuchhunde suchen ganz allgemein nach menschlicher Witterung. Das bedeutet, dass unsere Hunde zum Beispiel in Wald- und Parkgebieten alle vorhandenen Menschen anzeigen", erklärt Ulrike Pauls, die seit 2007 im Rettungswesen aktiv ist und bei der Rettungshundestaffel Münsterland als Ausbildungswartin fungiert. Zum Einsatz kommen die Suchhunde der Münsterländer Staffel zumeist, wenn es darum geht, geistig verwirrte Menschen zu finden, die als vermisst gemeldet wurden. Nur selten müssen sie hingegen nach verschütteten Personen schnüffeln. „Spektakulär sind unsere Einsätze selten. Oft geht es um die Suche nach älteren und dementen Menschen, die aus Altenheimen oder von zu Hause weggelaufen und orientierungslos sind. Oder es geht um suizidgefährdete Menschen. Dann spielt der Faktor Zeit natürlich eine wichtige Rolle", erklärt Ulrike Pauls weiter. Die Suche nach vermissten Personen wird im Rettungshundewesen als Flächensuche bezeichnet. Hier geht es darum, in möglichst kurzer Zeit einen weiten Raum nach vermissten Personen abzusuchen, wobei es wichtig ist, dass der Suchhund sich nicht von anderen Gerüchen ablenken lässt. In der Ausbildung der Hunde bedeutet dies konkret, dass die Suchhundkandidaten jedes Jahr eine Prüfung absolvieren müssen, bei der sie in einem 25.000 Quadratmeter großen Waldstück exakt 25 Minuten Zeit eingeräumt bekommen, um ein bis drei Personen zu finden. Ob sich nun ein einzelner Mensch oder drei auf dem weitläufigen Trainingsgelände versteckt halten, erfährt der Hundeführer nicht. Nur wenn Hund und Führer es schaffen, in diesem

In der Coesfelder Rettungshundestaffel darf kein Vierbeiner ohne bestandene Prüfungen auf die Suche nach vermissten Personen gehen

Zeitrahmen die gestellte Aufgabe zu erfüllen, dürfen sie an realen Suchaktionen teilnehmen. Auf den Hundeführer warten noch diverse Weiterbildungen und Prüfungen rund um das Thema Einsatz und Erste Hilfe. Die Koordination der Suche nach vermissten Personen erfolgt über die Rettungsleitstelle des Kreises Coesfeld. Dies kann auch mitten in der Nacht geschehen, nämlich zumeist dann, wenn das Pflegepersonal in Alters- oder Pflegeheimen das Verschwinden eines Bewohners meldet.

Die Trümmersuche

Anders als bei der Flächensuche, müssen Hunde bei der Trümmersuche nach verschütteten Personen ihren ‚inneren Schweinehund' überwinden und sich auf schwankenden und für sie unangenehmen Untergründen bewegen. Dies sind auf Trümmergrundstücken sowohl schiefe Ebenen als auch Wellbleche, Kunststoffplatten, Dachziegel oder Flächen aus anderen Materialien, auf die ein gewöhnlicher Familienhund keine Pfote setzen würde. Es versteht sich daher fast von selbst, dass für solche Balanceakte längst nicht jeder Vierbeiner geeignet ist. Neben Nervenstärke, Gehorsam und Menschenfreundlichkeit muss ein Hund auch über die nötige Arbeitsfreude verfügen und darf weder zu groß noch zu klein sein. Langhaarige und tapsige Bernhardiner eignen sich deshalb zur Suche in Trümmerhäusern genauso wenig wie kurzbeinige Pekinesen bei der Flä-

Trümmersuche

chensuche. „Nach zwei bis drei Jahren Ausbildung ist ein Rettungshund soweit, dass er sich der ersten Prüfung stellen kann, nach deren Bestehen er sich dann an einer Suche beteiligen kann“, erläutert Ulrike Pauls und erklärt weiter: „Ein Team besteht aus einem Hund und dessen Führer sowie einem sogenannten Einsatzhelfer. Der Einsatzhelfer kümmert sich um das Drumherum. Er ist für die Orientierung verantwortlich und hält Funkkontakt zur Einsatzleitung und zum Hundeführer.“

Kostenlos – aber nicht umsonst

Wie alle im Bundesverband Rettungshunde organisierten Hunderettungsstaffeln, arbeiten auch die Münsterländer rein ehrenamtlich. Sämtliche Kosten tragen die Mitglieder selbst. Dies beginnt mit der Uniform und endet mit der zeit- und kostenintensiven Ausbildung der Hunde, die nicht in ‚Verwahranstalten' oder Zwingern auf ihre Einsätze warten, sondern außerhalb ihrer Tätigkeit als Suchhunde mit ihren Menschen als ganz normale Familienhunde leben. Und weil Rettungshundearbeit wichtig ist, dürfen interessierte Hundehalter nach vorheriger Anmeldung gern zu einem Schnuppertraining bei den Coesfeldern vorbeischauen.

BRH Rettungshundestaffel Münsterland e.V.

Dalbroms Krüüs 54
46359 Heiden
Tel.: 02541-84480
Mobil: 0176-51295744
Web: www.rettungshundestaffel-muensterland.de

Die Hundenase

Jeder weiß, dass Hunde eine gute Nase haben. Alle Sinnesorgane des Hundes sind an seine spezielle Lebensweise angepasst, aber der Geruchssinn spielt für den Hund bei der Wahrnehmung seiner Umwelt sowie beim Kontakt mit Artgenossen die übergeordnete Rolle.

Monika Volbracht und ihr Team wissen über Hunde und ihre Nasen gut Bescheid

Der neugeborene Welpe findet mit Hilfe seiner Nase die richtige Zitze an Mutters Gesäuge, und später Menschen auf der Hundewiese, die die Taschen voller Leckerchen haben. Der pubertierende Rüde wittert die läufige Hündin auf mehrere Kilometer Entfernung und durch Schnuppern in der Analregion des Gegenübers bekommen Hunde Information über dessen Geschlecht, Gesundheitszustand und Sozialstatus. Wenn ein Mensch Angst vor Hunden hat, bemerken Hunde dies sofort, sie riechen tatsächlich den Angstschweiß.

Das Geruchsvermögen des Hundes ist unserem weit überlegen! Während Menschen in der Nasenschleimhaut circa 5 Millionen Riechzellen besitzen, stehen Hunden, je nach Rasse und Nasenlänge, circa 220 Millionen Riechzellen zur Verfügung. Die eingeatmete Luft wird in der Nase befeuchtet, die Duftmoleküle gelangen an die Riechzellen in der Nasenschleimhaut und werden über den Riechnerv zum Gehirn weitergeleitet. Die Gehirnkapazität, die für das Riechen zuständig ist, ist beim Hund circa 40-mal größer als beim Menschen. Man vermutet sogar, dass der Hund sich von den Gerüchen ein räumliches Bild erstellt und ist sich ganz sicher, dass er einen bestimmten, spezifischen Geruch in der Umgebung von vielen anderen Gerüchen unterscheiden kann.

Diese enorme Fähigkeit von Hunden macht sich der Mensch schon lange zunutze, indem er ihn als Spürhund in vielen Bereichen einsetzt: bei der Jagd zur Spurensuche, zum Auffinden von Drogen, Geld oder Sprengstoff, zum Aufspüren von vermissten Menschen oder Tieren, um Schimmel in Wohnungen anzuzeigen oder neuerdings auch, um verschiedene Krebsarten beim Menschen zu erschnüffeln. (Text: Monika Volbracht)

Natürliche Schönheit kommt von innen

Die Feine Dame in Münster

Immer mehr Hundehalter legen Wert auf die Optik ihres vierbeinigen Freundes, denn Fellnasen gehören heute zur Familie und werden dementsprechend wertgeschätzt, weiß Anne Rademacher, die 2006 in der Nähe des Hauptbahnhofes Münsters ihre erste Hundeboutique eröffnete. „Feine Dame. Schöne Dinge für Hund und Halter" steht über dem kleinen aber feinen Laden zu lesen. Mit schönen Dingen kennt sich die Geschäftsgründerin aus, schließlich ist sie von Beruf Einrichtungsberaterin. Die Idee zur Grundsteinlegung der Feinen Dame gaben aber nicht die Hofhunde ihrer Eltern, sondern Möpse. „Mein Mann zeigte mir eines Tages einen Mops und da war es ziemlich schnell um mich geschehen", erinnert sie sich an die Initialzündung zur Geschäftsgründung. Heute begrüßen zwei Mopsdamen und ein Mopsherr die Kundschaft. Kafka, Mietzi und Mulisch sind fast täglich im Laden auf der Eisenbahnstraße anzutreffen und haben schon so manches Accessoires ausprobiert. Anne Rademacher und ihr Team legen größten Wert auf die Qualität ihrer Produktpalette sowie auf deren Nachhaltigkeit. „Wir probieren die meisten Produkte selber aus. Wenn für gut befunden, werden sie ins Sortiment aufgenommen. Wir versuchen auch den deutschen Handel so gut es geht zu unterstützen und legen Wert darauf, mit deutschen Firmen, aber auch mit amerikanischen Firmen zu arbeiten, die vor Ort produzieren. Einige Produkte bekommen wir auch von Behindertenwerkstätten vor Ort. Im Bekleidungsbereich führen wir die Firma Aigle aus Frankreich, die auch immer für gutes Design und tolle Qualität steht."

Um stets auf dem aktuellen Stand zu bleiben, ist Anne Rademacher viel unterwegs und besucht Hundemessen in aller Welt. Von ihren Reisen bringt sie die neuesten Trends mit nach Münster ohne dabei überkandidelt zu werden: „Natürlich würde ich keinem Schäferhundhalter eine Regenjacke für sein Tier verkaufen, aber heute sind so viele Hunderassen überzüchtet, dass sie bei winterlichen Gassigängen ohne schützende Jacke frieren würden. Und wenn ein Hund eine Grasallergie hat, dann ist es doch gut und nützlich, wenn er den passenden Pfotenschutz trägt. Wenn diese Dinge schön sind, ist dies umso besser", erklärt sie und verweist darauf, dass zwei ihrer drei Möpse aus dem Auslandstierschutz stammen. Von Schickimickihündchen kann in der Feinen Dame also keine Rede sein, wohl aber von schönen, nützlichen und vor allem artgerechten Dingen für den Hund. Dies gilt auch für das angebotene Hundefutter und die Pflegemittel, denn viele Hunde bekommen heutzutage Allergien. Als Fachgeschäft führt Anne Rademacher deshalb nur allergiefreie Fellpflegemittel sowie gesundes und natürliches Futter ohne belastende Zusatzstoffe, schließlich kommt die Schön-

Klein aber fein: Die Feine Dame in Münster

heit eines Hundes von Innen. „Ernährung ist für den Hund das A und O. Wir führen im Nassfutterbereich Firmen wie Edenfood, Terra Canis, Defu sowie Trockenfutter von Wolfsblut und verzichten aus Erzeugnisse aus der Massentierhaltung. Und für die Frischfleischfütterung führen wir Tiefkühlprodukte aus purem Fleisch", erläutert Anne Rademacher und verweist nicht ohne Stolz darauf, dass viele ihrer Futtermittel nach gesetzlichen Vorgaben auch für den menschlichen Verzehr (Lebensmittelqualität) zugelassen sind. Und weil es in der Eisenbahnstraße so gut schmeckt, besuchen auch Rüden immer wieder gern die Feine Dame.

Feine Dame - schöne Dinge für Hund und Halter

Anne Rademacher
Eisenbahnstraße 11
48143 Münster
Tel.: 0251-62561700
Mail: post@feinedame.de
Web: www.feinedame.de

Pudel mit Nasensonar

Ein Besuch bei den DLRG-Rettungshunden

Wasserrettungshunde kennen viele Münsterländer aus ihren Italienurlauben. Dort wachen ausgebildete Vierbeiner über die Sicherheit von Badegästen. Als die FRED & OTTO Redaktion erfuhr, dass in der DLRG Ortsgruppe Ahaus e.V. Fellnasen ihren Dienst tun, schickte sie Markus Bötefür los, der von Karin Klümper sowie einem Hundetrio, bestehend aus zwei Pudeln und einer Hovawarthündin, freundlich empfangen wurde. Zur großen Überraschung unseres Reporters kümmern sich die DLRG-Rettungshunde allerdings nicht um Schwimm- und Tauchwütige, sondern kommen immer dann zum Einsatz, wenn Menschen im oder am Wasser vermisst werden und sind somit für die DLRG-Einsatztaucher oder die Feuerwehr wertvolle Helfer bei der Ortung ertrunkener Menschen. Trotz dieser schwierigen und psychisch anstrengenden Arbeit weißt Karin Klümper darauf hin, dass es sich bei ihren Vierbeinern nicht um Leichensuchhunde, sondern um Wasserortungshunde handelt, denn je nach Geschwindigkeit des Eintreffens am Einsatzort kann es auch noch möglich sein, einen Ertrinkenden zu retten. „Im kalten Wasser zugefrorener Seen kann eine Überlebenschance bis zu eine Stunde lang bestehen. Leider sind es aber in der Regel Suchen nach ertrunkenen Menschen“, erklärt Karin Klümper, die als Rettungshundeausbilderin, Krankenschwester und Rettungsassistentin zu den Gründungsmitgliedern der DLRG-Rettungshundestaffel Ahaus zählt.

Teamarbeit

„Ein Wasserortungsteam besteht aus einem Hundeführer und einem Rettungshund. „Die Ausbildung zum Wasserortungsteam ist sehr anspruchsvoll und wird bei uns nur mit Hunden begonnen, die in einem der anderen Bereichen der Rettungshundearbeit wie beispielsweise der Flächensuche sehr gute Leistungen zeigen und in ihrem Anzeigeverhalten gefestigt sind“, sagt die Trainerin, während sie ihren Pudel Jacky krault. Dass sich zwei Pudel im Team befinden, erstaunt nur Menschen, die diese Hunderasse vornehmlich in Salons vermuten. „Pudel wurden ursprünglich als Wasserapportierhunde für die Entenjagd gezüchtet und sind wahre Wasserratten“, verrät sie und erzählt weiter: „Prinzipiell ist jede Hunderasse für die Wasserortungsarbeit geeignet. Voraussetzung ist allerdings, dass der Hund dafür eine individuelle Begabung besitzt, gern Nasenarbeit betreibt und belohnbar

Das Ahauser Sonar-Quartett: Karin Klümper mit ihren Hunden Yvi, Jana und Jacky

ist. Diese Belohnung kann in Form von Leckerchen oder Spielzeug erfolgen, denn ein Hund sucht keinen Menschen, weil er ihn toll findet, sondern weil er im Training gelernt hat, dass er jedes Mal, wenn er eine Person gefunden oder menschlichen Geruch geortet hat, eine Belohnung erhält." Am wichtigsten sind hier jedoch eine vertrauensvolle Mensch-Hund-Beziehung und ein guter Gehorsam des Hundes. Im Großen und Ganzen unterscheidet sich die Ausbildung eines Wasserortungshundes jedoch nicht vom Training anderer Suchhunde.

Menschlicher Mischgeruch

Winzige Geruchsmoleküle reichen aus, um bei einem ausgebildeten Hund eine Anzeigereaktion auszulösen. Suchhunde filtern im Wesentlichen drei menschliche Geruchstypen: Die Gerüche, die durch die menschliche Körperoberfläche entstehen und sich aus Hautschuppen und Schweiß, aber auch aus Zivilisationsstoffen wie Parfüm, Seife oder Deo zusammensetzen, solche, die durch Körperöffnungen entweichen sowie der Kleidung anhaftende Gerüche. Bei der Wasserortung kommt die Komponente der

Zersetzung von Körperzellen und dem daraus entstehenden speziellen Leichengeruch hinzu. Dieses alles bildet dann einen Mischgeruch, der sich aus wasserlöslichen und nicht wasserlöslichen Stoffen zusammensetzt. Die wasserlöslichen Stoffe verteilen sich im Wasser und steigen zur Oberfläche, dort verdampfen sie. Auch die nicht wasserlöslichen Stoffe steigen zur Oberfläche und geben dort ihren Geruch ab. Dem Wasserortungshund ist es also nur möglich, an der Wasseroberfläche die Gas- bzw. Geruchsmoleküle in der Luftströmung wahrzunehmen und anzuzeigen. Mit der Anzeige von typischen Gerüchen ist es aber längst nicht getan. In enger Zusammenarbeit mit Tauchern und der Feuerwehr müssen Hundeführer bei der Wasserortung viele umweltbedingte Faktoren berücksichtigen. Strömungen, Zu- und Abflüsse, Gewässerbeschaffenheit, Zusammensetzung des Wassers, Wasser- und Lufttemperatur, Tageszeit sowie Wind und Thermik spielen bei der Lokalisierung eine Rolle und müssen penibel berücksichtigt werden, denn die Gase und Geruchsstoffe steigen trichterförmig vom Gewässergrund auf und können so in strömendem Wasser an einer anderen Stelle die Wasseroberfläche erreichen als in stehenden Gewässern. Wasserortungshunde helfen dabei, Einsatztaucher in die Nähe einer ertrunkenen Person zu führen. Dabei erschnüffeln sie von der Wasseroberfläche aus auch Körper, die in 40 oder 50 Metern Tiefe liegen.

Immer wieder Training

„Im Training versenken wir allerdings weder Leichen noch Leichenteile“, versichert Karin Klümper. Aber ganz ohne den Geruch des Todes geht es in der Ausbildung dann doch nicht: „Wir trainieren mit Leichentüchern. Ein Bestatter versorgt mich mit Kleidungsstücken, die verstorbene Menschen am Körper trugen. Daraus schneide ich Stücke, die ich dann bei Übungen versenke. Dieses kleine Stoffstückchen zeigen die Hunde selbst nach drei oder vier Wochen im Wasser noch an.“ Da zumeist vom Boot aus gearbeitet wird, ist das Anzeigeverhalten der Hunde ein anderes als bei der Flächensuche auf dem Trockenen. Karin Klümpers Hunde bellen nicht an Bord eines Bootes. „Meine Hovawarthündin beugt sich über die Reling und versucht so ins Wasser zu gelangen, während der Pudel ins Wasser beißt. Als Hundeführerin muss ich das Anzeigeverhalten meiner Vierbeiner also genau lesen können“, erläutert sie.

Alle 18 Monate müssen die drei Wasserortungshunde und ihre Trainerin die schwierige Prüfung erneut ablegen, denn im DLRG wird nicht nach der Devise einmal Wasserortungshund, immer Wasserortungshund gearbeitet.

Karin Klümper und ihre Spürnasen beschränken sich jedoch nicht allein auf die Wasserortung und Flächensuche. Mitglieder des Quartetts sind im Münsterland auch regelmäßig als Therapie- und Besuchshunde unterwegs.

DLRG Ortsgruppe Ahaus e.V.

Schützenstraße 22
48683 Ahaus
Tel.: 02561-302779
Mail: info@ahaus.dlrg.de
Web: www.ahaus.dlrg.de

Gott & die Hundewelt Trauer & Tod

Kommen Hunde in den Himmel? Wie trauert man beim Tod seines besten Freundes auf vier Pfoten? Was haben Tiere mit Spiritualität und Religion zu tun? Wir haben uns umgehört und Themen diskutiert, die die meisten von uns verdrängen, doch Trauer und Tod gehören auch zum (Hunde-) Leben dazu …

Wenn es an der Zeit ist

Tiere im Sterben begleiten

Seit vielen Jahren bietet die Tier-Homöopathin Tina Hillebrand etwas an, über das die meisten Menschen partout nicht reden wollen: Sie begleitet Tiere beim Sterben. Wobei, um genauer zu sein: Sie begleitet vor allem Menschen, die mit dieser Situation nicht vertraut sind oder sich alleine damit überfordert fühlen. Tiere sind, so die Essenerin Hillebrand, weise genug, natürlich sterben zu können – wenn man sie lässt. Sie hat nach jahrelanger Erfahrung ein ganz klares Ziel vor Augen, wenn sie thematisiert, Tiere „natürlich gehen zu lassen" und nicht schon ganz am Anfang eines Sterbeprozesses einfach „zu töten". Sie nutzt das Wort „töten" bewusst. Warum es sich um eine Tötung handelt, erklärt sie so: „Bei dem Begriff Einschläfern handelt es sich um eine Beschönigung, da es sich nicht um eine Narkose, ein Einschläfern im Sinn von schlafen und auch nicht um einen „schönen Tod", sondern um eine Tötung handelt." Wobei Hillebrand das nicht als Affront gegen die Schulmedizin verstanden wissen möchte. Über 90 Prozent aller Halter lassen ihre Tiere „töten", schätzt auch die Berlinerin Beate-Bettina Schuchardt. Sobald schwere Krankheiten festgestellt werden oder Tiere aus Altersgründen Beschwerden zeigen, werden sie „eingeschläfert" oder „erlöst". Beim Tierarzt heißt es dann so schön, alles Weitere wäre eine Qual für das Tier. Für die Sterbebegleiterin ist das eine Vernebelung der Tatsachen, auch wenn sie weiß, dass es viele verantwortungsvolle Tierärzte gibt, und mit ihnen zusammenarbeitet: „Man erlöst sich hier höchstens davon, sich mit dem Sterben auseinanderzusetzen. Wir haben bei Tieren genau die gleiche Entwicklung wie bei Menschen. Das wird alles nur noch bürokratisch und unsichtbar abgewickelt, unsere Angst vor dem Tod wird dadurch nur noch größer, weil wir uns einer Auseinandersetzung entziehen." Und weiter: „Warum sollen unsere Tiere nicht die Möglichkeit haben, selbstbestimmt ihren natürlichen Weg zu gehen? Ein sanftes Sterben ist möglich", so ihre Überzeugung. Es sei ein Angebot an Mensch und Tier, einen anderen, wieder ursprünglichen Weg zu gehen. Ein Weg, den immer mehr Menschen wählen. Zunehmend wird die Sterbebegleiterin nach Hause gerufen. Sie ist dafür rund um die Uhr erreichbar, leistet telefonisch oder vor Ort Hilfe: „Das Sterben hält sich an keine Uhrzeiten."

Einschläfern oder Gehenlassen

Das Thema Euthanasie bei Tieren ist sensibel. Auch die Tierärztekammer Berlin ist sich der Problematik bewusst. 2011 führte sie dazu eine Konferenz durch, um Erfahrungswerte zu sammeln. Einfache Antworten, z. B. bei einer Krebserkrankung, gibt es nicht. Niemand kann sichere Prognosen erstellen, aber leichtfertig wird sicherlich nicht bei dem Thema verfahren, so die Tierärztekammer auf ihrer Website. Das größere Problem scheint auch nicht zu sein, wann man einschläfern soll. Aus ethischer Sicht ist die Frage, wie lange man am Leben halten soll, mindestens genauso wichtig. Diagnose- und Behandlungsmöglichkeiten haben sich parallel zur Humanmedizin rasant entwickelt. Tierarzt Christoph Ladwig ist sich sicher, dass alle Tierärzte vor allem erst einmal bemüht sind, den Tieren zu helfen und nicht vorschnell einzuschläfern – das, so Ladwig, würde sich schon aus dem Berufskodex der Tierärzte ergeben. „Wir versuchen, was geht, und wenn nichts mehr geht, dann ist man als Tierarzt leider gezwungen, dem Tierbesitzer die aussichtslose Situation zu verdeutlichen, und ja, man sollte dem Tierbesitzer zu diesem Zeitpunkt dann auch zur Einschläferung raten", so Ladwig. Der engagierte Tierarzt ergänzt: „Natürlich ist der genaue Zeitpunkt des Einschläferns immer eine Ermessensfrage. Aber es gibt viele Indikatoren, die wiederum sehr eindeutig sind. Wenn ein Tier sich nicht mehr, oder nur unter starken, durch Medikamente nicht zu beeinflussenden Schmerzen bewegen kann, nicht operable Tumore aufplatzen etc. muss man einfach sagen: ‚Der Zeitpunkt ist gekommen'." Leiden sei, meint Ladwig, Teil des Lebens, doch sinnloses Leiden würde den Zeitpunkt markieren, wo das künstliche Verlängern des Lebens mit allen Mitteln nicht mehr angebracht sei. Auch Peter Rosin, einer der anerkanntesten deutschen Tierärzte mit Schwerpunkt Schmerztherapie, sieht das natürliche „gehen lassen" als schwierig an: „Der Zeitpunkt, zu dem man sein geliebtes Haustier gehen lassen muss, ist sicher nie der richtige. Üblicherweise wird die Entscheidung, ein Tier schmerzfrei zu erlösen, im Einvernehmen zwischen dem Tierbesitzer und dem Tierarzt getroffen. Die absolut überwiegende Zahl der Tierärzte und tiermedizinischen Fachangestellten ist selbst Tierbesitzer und zu diesem Beruf gekommen, weil sie helfen wollen und Tiere lieben.

Beate-Bettina Schuchardt bietet in Berlin Sterbebegleitung für Tierbesitzer

Die tierärztliche Entscheidung zur Euthanasie wird in allen mir bekannten Praxen immer zumindest aus tierschutzrelevanten und tierschutzethischen Gründen getroffen. Die Tierärzteschaft in Deutschland hat hierzu einschlägige und repräsentative Leitfäden erarbeitet", so Rosin. Er verweist darauf, dass die Entscheidung, ob man sein Tier speziell aus Gründen einer schmerzhaften Erkrankung erlösen lassen muss, einzig und allein der Tierarzt treffen kann. Rosin weiß aber von der Unsicherheit bei einem solchen Schritt: „Sollte ein Besitzer nicht einordnen können, ob das Maß der Schmerzen vor dem Hintergrund dieses endgültigen Schrittes unerträglich hoch und bei guter Lebensqualität für den Patienten nicht mehr therapierbar ist, kann man sich jederzeit in einer anderen Praxis weitere Meinungen einholen."

Den Abschied erklären

Doch unabhängig von der Frage, wann ein Tier von uns „erlöst" werden kann: Der Tod wird irgendwann kommen. Der Weg dahin kann ganz unterschiedlich aussehen, ebenso wie die Sterbebegleitung. „Das Abschiednehmen gestaltet sich jedes Mal ganz individuell und sehr persönlich, man kann da nicht sagen: „So muss es vor sich gehen", ist die Sterbebegleiterin überzeugt. „Zum einen geht es um Aufklärung des Menschen, z. B. was passiert konkret, wenn ein Tier oder auch ein Mensch, stirbt. Aufklärung über die einzelnen Sterbephasen und Vorgänge, die im Körper dann stattfinden. Es hat viel mit reden und beruhigen sowie Angst und Unsicherheit nehmen, liebevoll trösten und ernst nehmen und immer wieder erklären, erklären, erklären zu tun. Und man kann Tiere sehr gut mit klassischer Homöopathie und z. B. auch Reiki, Bachblüten, Licht, Düften, oder, oder, oder unterstützen", beschreibt sie Teile ihrer konkreten Arbeit. Dass Tiere von uns gehen, ist natürlich. Dass das schmerzhaft sein kann, weiß jeder. Dass der Tod auch ein Moment des Glücks sein kann, verwundert, doch die Sterbebegleiterin erklärt: „Ich empfinde es als sehr belastend für alle Beteiligten, wenn man von dem letzten Stück des gemeinsamen Weges einfach abgeschnitten wird. Ich verneige mich in Ehrfurcht und Liebe vor allen Tieren, die ich begleiten und von denen ich unendlich viel an Weisheit, Liebe, Güte und Loslassen lernen durfte." Das Glück, sein Tier beim Sterben zu begleiten, liegt in diesen Momenten der Demut vor dem Leben. Das klingt sehr philosophisch, ist aber nach Schuchardt das, was Menschen erfahren können. Davor kann es aber auch schon mal hoch hergehen. Da kommen Emotionen und Aggressionen in den Familien hoch, die aus Angst vor dem Tod und Sterben so reagieren. Es wird geweint und gebrüllt. Doch das in Bahnen zu lenken, ist auch Aufgabe der Sterbebegleiterin. Sie will anleiten, diesen Moment des Glücks zu spüren und das Sterben auszuhalten. „Das Tier zeigt einem als liebendem Menschen sehr genau, was und wie es sich fühlt. Es ist z. B. auch schon eine unglaubliche Hilfe und Erleichterung für das Tier, wenn sein Mensch und eine Sterbebegleiterin, die hilft und unterstützt, einfach präsent sind."

Wie Tiere sterben

Beate-Bettina Schuchardt weiß, dass die natürlich begleiteten Tiere friedlich sterben: „Sie sterben friedlich, wenn sie ganzheitlich betreut worden sind." Als liebevolle Abschiedsgeste, die die Tiere sehr genießen, kann man z. B. kurz vor dem Ende mit ihnen dann nochmal an schöne Orte gehen, sie in der Wohnung herumtragen, an den Platz legen, wo sie immer lagen. Wann der genaue Tod eintreten wird, kann niemand minutiös sagen, es gibt jedoch deutliche Anzeichen und Erfahrungswerte. „Wenn Sie möchten, dass wir dabei sind, sind wir dabei." Genau das ist immer wieder Thema in den Gesprächen bei der Sterbebegleitung. Da die meisten Menschen arbeiten müssen, ist es ihnen oftmals nicht möglich, rund um die Uhr bei ihrem Tier zu sein. Viele stressen sich auch, trauen sich dann kaum noch, das Haus zu verlassen, weil sie beim Eintreten des Todes dabei sein möchten.

Doch sie hält dagegen, dass Tiere sehr weise mit dem Sterben umgehen und erzählt z. B. von einem Hund, der genau einen Augenblick abpasste, wo Frauchen ins Bad ging und Herrchen ein Paket entgegennahm. Solche Fälle hat sie vielfach erlebt. Das ist für sie kein Zufall. Das sollte so sein, denn Tiere wissen, ob sie ihren Menschen das „Dabeisein" zumuten können oder nicht. Ganz wichtig ist ihr auch noch, so Beate-Bettina Schuchardt, dass es bei der natürlichen Sterbebegleitung nicht darum geht, mit allen verfügbaren Mitteln ein Tier künstlich und unnatürlich am Leben zu erhalten. Sondern es geht darum, dem Tier in seiner persönlichen Zeit, die es zum Übergang braucht, zur Verfügung zu stehen und wenn nötig zu unterstützen. Eine Frau, die diesen Weg bereits mit ihrem Tier gegangen ist, beschreibt ihre Erfahrungen sehr positiv: „Die Trauer war groß, aber in mir ist ein unendliches Gefühl der Dankbarkeit und Ruhe, dass das der einzig richtige Weg für uns alle war. Es erfüllt mich mit Liebe, dass er und ich ein gutes Leben von Anfang bis zum Ende hatten. In unseren Gedanken wird er immer zu finden sein! Ich kann jedem nur Mut machen, diesen Weg gemeinsam mit seinem Tier zu gehen. Es bereichert das eigene Leben und das Leben des Tieres um ein Vielfaches. Einfach ist es nicht, aber ich finde, dass wir das unseren tierischen Familienmitgliedern schuldig sind."

Was sagt die Kirche?

Sterbebegleitung von Tieren und ihren Menschen ist auch bei den Kirchen ein Thema. Der evangelische Pfarrer Reinhard Dalchow hat schon viele Menschen begleitet und sie in ihrer Trauer unterstützt. Allerdings weiß er, dass sich die Kirche insgesamt mit sterbenden Tieren etwas schwer tut: „Das wird nicht immer ernst genommen." Nachgefragt bei der katholischen Kirche erntet man Unglauben. Seelsorge für Tiere und Besitzer kenne man nicht. (Text: Alexander Schug)

Tiere anders behandeln – Sterbebegleitung für Tiere

Tina Hillebrand
Tel.: 02054-874120
Mail: post@tiere-anders-behandeln.de
Web: www.tiere-anders-behandeln.de

Abschied vom besten Freund

Ein Schulmediziner berichtet

Hunde sind einzigartige Lebewesen, jedes mit einer unverwechselbaren Persönlichkeit. Sie sind für den Menschen Begleiter, Gäste, Freunde und zuweilen Seelenverwandte. Wer seinen Hund als Gebrauchsgegenstand, Erfüllungsgehilfen, bloßen Besitz betrachtet, mag sich sparen, über dessen letzte Stunden nachzudenken. Für sie oder ihn ist Sterben und Tod eines Hundes keine große Sache. Eine ärgerliche oder lästige Angelegenheit, vielleicht auch ein Verlust wie der einer alten, abgewetzten Lederjacke oder einer kostbaren Büchse, mit der man vielleicht noch Erinnerungen an glücklichere Zeiten verbindet. Ganz anders geht es dem Hundefreund, den eine tiefe, gewachsene Beziehung zu seinem Begleiter verbindet. Für ihn sind Hunde Teil seiner Familie. Ein besorgter Hundehalter würde sich für kein Geld der Welt von seinem gelebten Gefährten trennen. Für ihn gilt der Satz, der zu Beginn jeder Ehe in der Kirche gesprochen, aber nur noch selten gehalten wird: Bis dass der Tod euch scheidet. Niemand kann Routine entwickeln, wenn es gilt, sich von einem Freund endgültig zu verabschieden.

Wann ist es soweit?

Während sich bei Menschen der Sterbeprozess oft über Monate oder gar Jahre hinzieht, erkranken Hunde zumeist aus scheinbar völliger Gesundheit. Tiere sind unempfindlicher, härter im Nehmen und die Gesetze der Natur und Evolution stellen ihnen zumeist noch kurz vor ihrem Tod ein erstaunliches Leistungspotential zur Verfügung. Hunde sind zwar in der menschlichen Zivilisation angesiedelt, aber nicht verwurzelt. Insofern gestaltet sich der Abschied vom besten Freund des Menschen oft jäh und unvermittelt. Gott sei Dank können Sie frei von Ethikkommissionen oder Hundeärztekammern darüber entscheiden, ob der zumeist kurze, letzte gemeinsame Lebensabschnitt für beide Seiten ein manchmal quälender Prozess oder ein für Sie zwar schmerzhafter, aber gelungener Abschluss eines sich schließenden Kreises wird. Glücklicherweise gibt es einige sehr einfache Kriterien, die ein zuverlässiges Urteil darüber erlauben, ob Ihr Tier noch über eine ausreichende Lebensqualität verfügt. Es liegt auf seinem gewohnten Platz, nimmt Futter zu sich, begrüßt Sie, wenn auch träge mit einem Schwanzwedeln, reagiert auf vertraute Personen und zeigt keinerlei Anzeichen von Schmerz. Solange er Sie weiter auf dem gewohnten Spaziergang begleitet und verhaltenes Interesse an seinen Artgenossen zeigt, dürfen Sie getrost davon ausgehen, dass er sich noch relativ wohlfühlt. Hingegen weisen bei ei-

Martin Otto, Neurologe und Psychiater

nem todkranken Tier Verweigerung von Nahrungsaufnahme und der Rückzug an abgelegene Plätze in aller Regel auf starke Schmerzen und den beginnenden Sterbeprozess hin. Nie hört man ein eines natürlichen Todes sterbendes Tier einen Laut von sich geben, da dies in der Natur ein willkommenes Signal an alle potentiellen Jäger darstellt.

Wenn es soweit ist ...

Hunde erleben die Welt als einen Ort der Gerüche. Deshalb stellt auch der Verlust des Geruchssinns für einen Hund ein viel größeres Manko dar, als der des Augenlichts. Viele Hundebesitzer wissen aus eigener Erfahrung, dass sich ihre Lieblinge in der Tierarztpraxis oft ängstlich oder verstört verhalten. Der Grund dürfte in dem dort vorherrschenden Geruchscocktail zu finden sein. Bei Stress und Angst führt der Ausstoß bestimmter Hormone zu einem spezifischen Geruch. Sogar die geschulte Nase eines Menschen, die in ihrer Sensibilität der eines Hundes um ca. das Tausendfache unterlegen ist, vermag Angst- von Arbeitsschweiß zu unterscheiden.

Wenn also die Stunde gekommen ist, es für alle Beteiligten oft das Beste, wenn Ihr Tierarzt zu Ihnen nach Hause kommt, um Ihren geliebten Vierbeiner zu erlösen. Lassen sie dem Tierarzt Zeit, sich Ihrem Hund vertrauensvoll zu nähern. Streicheln Sie Ihr Tier, vermitteln Sie ihm das Gefühl des Vertrauten, reden Sie mit ihm, während der Arzt die Infusion anlegt. Hunde schenken dieser Prozedur meistens kaum Beachtung, geschweige denn zeigen sie Anzeichen größerer Unruhe oder gar Angst. In aller Regel wird zunächst ein Schlafmittel injiziert. Erst, wenn der Hund das Bewusstsein verloren hat, wird mit einer weiteren Spritze das tödliche, innerhalb weniger Sekunden wirksame Gift verabreicht. (Text: Dr. med. Martin Otto, Neurologe, Psychiater und Psychotherapeut)

Was tun, wenn der geliebte Vierbeiner gestorben ist?

Überlegungen über das Hundeleben hinaus

Es ist nichts, woran man als Hundebesitzer gerne denkt, aber dennoch: Was, wenn der eigene Hund stirbt oder eingeschläfert werden muss? Mehr als 1,4 Millionen Hunde und Katzen sterben jedes Jahr in Deutschland. Im Münsterland sind es schätzungsweise 100 Sterbefälle am Tag. Auf dem Land werden bis zu 80 Prozent der Tiere, die beim Tierarzt sterben, wieder mitgenommen und selbst vom Besitzer bestattet. In der Stadt sind es bis zu 40 Prozent. Wer seinen Vierbeiner beim Tierarzt lässt, entscheidet sich folglich für die industrielle Tierverwertung, die Dienstleister wie die Firma SecAnim vornehmen. Auf deren Website heißt es ganz unsentimental zur Verwertung der Tierkadaver: „Beprobung, Zerkleinerung, Sterilisation, Trocknung und Entfettung." Ist das die letzte Ruhe für ein treues Familienmitglied?

Was bei der Beerdigung von Hunden zu beachten ist

Für immerhin fast die Hälfte der Tierbesitzer ist das undenkbar. Die naheliegenden Alternativen sind aber auch nicht unbedingt besser. Während auf dem Land Tiere weit abseits der Häuser vergraben werden können, ist das in der Großstadt so ein Problem. Die meisten Hundebesitzer, die ihre Tiere nicht beim Tierarzt lassen, vergraben ihren Liebsten selbst: In den Wäldern des Münsterlandes, in den Stadtparks oder gleich auf dem Grünstreifen vor der Haustür. Viele denken, dass sie so ihr Tier immer noch nah bei sich haben können. Gerade ältere Menschen, die alleine mit dem Tier gelebt haben, trauern lange und brauchen einen Ort der Erinnerung. Je näher dieser Ort ist, desto besser. Aber mit der „do it yourself-Methode" kann man böse Überraschungen erleben. Tierbestatter können da die skurrilsten Geschichten erzählen. Da vergraben Hundebesitzer ihr Tier im Vorgarten des Mietshauses und am nächsten Morgen liegt es ausgebuddelt, fein säuberlich in dutzende Teile zerlegt und abgenagt vom Fuchs wieder an der Oberfläche. Solche Bilder will man sich nicht weiter ausmalen. Das Verbuddeln in den Grünflächen der Stadt hat noch einen anderen Aspekt: Abgesehen davon, dass es verboten ist, belasten die vielen Tierkadaver das Grundwasser und sind regelrechte Seuchengefahren, wenn sie nicht tief genug vergraben werden.

Würdevoller Abschied

Zunehmend wird eine würdige Bestattung ihres verstorbenen Lieblings für Tierbesitzer wichtig: Sie möchten würdevoll Abschied nehmen. Es gibt Kritiker, die das als Vermenschlichung sehen. Tatsache ist aber, dass sich seit rund 20 Jahren eine eigenständige Begräbniskultur für Tiere in Deutschland ausformt. In den 1990er-Jahren eröffnete das erste Tierkrematorium in München. Vor allem in den letzten Jahren sind etliche neu dazugekommen.

Heute gibt es deutschlandweit rund 20 Tierkrematorien. Begräbniskultur bedeutet auch, dass Tierbesitzer immer häufiger eine regelrechte Bestattung wünschen. Sie lassen sich beraten, wählen Urnen aus, nutzen die Aufbahrung in den Abschiedsräumen der Beerdigungsinstitute und mieten – falls sie die Urnen nicht mitnehmen – einen Platz auf dem Urnenfriedhof. Einige Tierbestatter bieten neben Erd- und Urnenbestattung auch „Seebestattungen" an, wobei es sich dann jedoch nicht um ein „Seemannsgrab" auf dem Meer handelt, sondern um die Ausstreuung der Asche des Vierbeiners in einen Gartenteich. Andere Tierbestatter bieten gar die Pressung eines Kunstdiamanten aus Bellos Asche an.

Wer nach dem Tod seines vierbeinigen Lieblings nicht auf dessen Hülle verzichten möchte, der kann ihn auch ausstopfen lassen. Allerdings nehmen nur wenige Tierpräparatoren solche Aufträge an, denn es besteht die Gefahr, dass Herrchen oder Frauchen im fertig ausgestopften Bello nicht mehr ihren Liebling erkennen.

Alles für Daisy

Wie man nach seinem Tod für den Hund sorgt

Das Leben ist endlich. Auch unseres. Es kann den Fall geben, dass der Hund einen überlebt. Was dann? Kann man vorsorgen? Man kann nicht zwangsläufig davon ausgehen, dass Hinterbliebene das Haustier übernehmen. So kann es zu Konflikten mit bereits vorhandenen Tieren bei den Erben kommen. Oder in der Familie herrscht eine Hundehaarallergie. Anderen ist die Aufnahme eines Tieres schlichtweg zu teuer. Will keiner aus der Familie das Tier aufnehmen, bleibt nur noch eins: Das örtliche Ordnungs- oder Veterinäramt ordnet die Hundeverwahrung in einem Tierheim an. Für die meisten der blanke Horror.

Hunde als Erben

Könnte man nicht seinem Tier Geld vererben, damit es lebenslang versorgt werden kann? Wie war das doch gleich mit Modeschöpfer Rudolph Moshammer und seiner Yorkshire-Terrier-Hündin Daisy? Nachdem Moshammer 2005 ermordet worden war, kolportierten die Zeitungen, dass Daisy alles erben würde. In Wahrheit sah das Testament allerdings vor, dass sein langjähriger Leibwächter und Chauffeur als Generalbevollmächtigter eingesetzt wird. Er übernahm die Pflege und Betreuung für die Hündin Daisy – bis zu ihrem Tod im Oktober 2006. Dafür wurde er großzügig testamentarisch bedacht. Warum Daisy nicht direkt als Erbin eingesetzt werden konnte, zeigt ein Blick auf ein früheres Gerichtsurteil. Bereits 2004 hatte das Münchener Landgericht in einer ähnlichen Sache entschieden. Die Besitzerin eines Hundes hatte ihren Vierbeiner als 1. Erben testamentarisch eingesetzt. Nach ihrem Tod übernahm eine Bekannte der Verstorbenen die Pflege des Tieres, im festen Glauben statt des Tieres zu erben. Das Gericht entschied jedoch, dass Tiere aufgrund der Rechtslage nicht erbfähig sind. Da sie laut Gesetz wie Sachen zu behandeln sind, können sie nicht rechtsfähig sein.

Das Testament zählt

Es gibt jedoch zwei Möglichkeiten diese Rechtslage zu umgehen: Zum einen kann man verfügen, dass ein Notar als Testamentsvollstrecker die Aufgabe übernimmt, eine Pflegestelle für das Haustier zu finden. Das Vermögen kann in diesem Fall als regelmäßige Zuwendung überwiesen werden.

Auch nach Herrchens Tod noch versorgt? Manche Hundehalter planen langfristig

Die Alternative besteht darin, im Testament einen Erben zu benennen, der sich zur lebenslangen Pflege des Tieres verpflichtet, um seinen vom Erblasser bestimmten Erbanteil zu erhalten. Ist niemand im Familien- oder Freundeskreis bereit, so kann auch eine juristische Person, also ein Verband, ein Verein oder eine Stiftung im Testament bedacht werden.

Man kann zum Bespiel den örtlichen Tierschutzverein im Testament mit der Auflage berücksichtigen, sich um die Belange des Tieres bis zu dessen Tode zu kümmern. Selbst Detailfragen wie Futtermittel oder Unterbringungslokalität können schriftlich fixiert werden. Die finanziellen Modalitäten lassen sich je nach Vertrauen zum Erben variieren. So ist es möglich, dem Erben monatliche Zahlungen zukommen oder von vornherein auf das gesamte Vermögen Zugriff nehmen zu lassen.

Notfalls zum Notar

Der Wunsch, über seinen eigenen Tod hinaus den tierischen Begleiter gut versorgt zu wissen, lässt sich also realisieren. Aber: Um sicherzustellen, dass sich die eigenen Wünsche mit deutschem Recht vereinbaren lassen, empfiehlt es sich, ein Testament unter notarieller Hilfe anzufertigen. Auch bieten örtliche Tierschutzvereine Hilfe bei der Beantwortung rechtlicher Fragen.

CITY

Infos & Adressen

Die besten Adressen und Kontakte der
Münsteraner Hundewelt …

Tierheim, Züchter & Co.

Bundesverband Tierschutz e.V.
Karlstraße 23
47443 Moers

Dr. Silke Wechsung
c/o Psychologisches Institut der Universität Bonn
Web: www3.uni-bonn.de

Deutscher Tierschutzbund e.V.
Bundesgeschäftsstelle
Baumschulallee 15
53115 Bonn

Freundeskreis Bruno Pet e.V.
Hessenring 20
64832 Babenhausen
Web: www.freundeskreis-bp.de

Jagdgefährten e.V. – 2. Chance für Jagdhunde
Mail: vorstand@die-jagdgefaehrten.de
Web: www.jagdgefaehrten.de

Melanie und Sven Albrecht
Velener Str. 66
46359 Heiden
Tel.: 02867-2230140
Mail: info@doggen-von-adamantium.de
Web: www.doggen-von-adamantium.de

Tierfreunde Münster Tierschutzverein e.V.
Kötterstraße 198
48157 Münster-Handorf
Tel.: 0251-32 50 58
Fax: 0251-28 41 683
Mail: info@tierfreunde-ms.de
Web: www.tierfreunde-ms.de

Tierheim Münster -
Dingstiege 71
48155 Münster

Tierschutzverein Babenhausen / Münster e. V.
Tierheim Babenhausen
Außerhalb 41
64832 Babenhausen

Tierschutzverein Coesfeld, Dülmen und Umgebung e.V.
Stripperhook 51a
48653 Coesfeld-Lette

Tierschutzverein Lengerich und Umgebung e. V.
Setteler Damm 75
49525 Lengerich

Verband für das Deutsche Hundewesen (VDH)
Westfalendamm 174
44141 Dortmund
Tel.: 0231-565000
Web: www.vdh.de

Futter & Philosophie

Edenfood
Hauptstraße 13a
82131 Gauting
Tel.: 089-28859490
Fax: 089-28859489
Mail: info@edenfood.de
Web: www.shop.edenfood.de
Facebook: www.facebook.com/edenfood.de
Edenfood ist Hunde- und Katzennahrung in BIOLAND- Lebensmittelqualität, die durch Zutaten von regionalen Lieferanten, der nachhaltigen und ökologischen Produktion und der Konservierung im umweltfreundlichem Glas zum Umwelt- und Tierschutz beiträgt. Ein BIO-Nassfutter erster Güte!

Futterhilfe Münster
Alfred-Krupp-Weg 52
48153 Münster.
Tel.: 01573-4693827
Web: www.futterhilfe-muenster.de

Hund & Natur
Stefanie Wagner
Bochumerstr. 187A
45661 Recklinghausen Süd
Tel.: 02361-4907619
Mail: info@hund-natur.de
Web: www.hund-natur.de

Wunschfutter GmbH
Lindenhorster Str. 142
44147 Dortmund
Tel.: 0800-6346700
Mail: info@wunschfutter.de
Web: www.wunschfutter.de

Sitz & Platz

Berufsverband der Hunderzieher und Verhaltensberater e.V. (BHV)
Auf der Lind 3
65529 Waldems-Esch
Tel.: 06192-9581136
Mail: info@hundeschulen.de
Web: www.hundeschulen.de

Berufsverband für Tierverhaltensberater und –trainer e.V. (VDTT)
Achtern Dieck 6
24576 Bad Bramstedt

Berufsverband zertifizierter Hundetrainer e.V. (BVZ)
Heinrich-Schütz-Allee 242
34134 Kassel

Brenda's Shop
Inh. Angelika Kipp
Altenberger Str. 9
48329 Havixbeck
Tel.: 02507-982185
Fax: 02507-988955
Mail: info@brendas-shop.de
Web: www.brendas-shop.de

Creative Training – Verhaltenstherapie für Tiere
Evelyn Gericks
BSc(Hons) Applied Animal Behaviour & Training
Trainingscenter
Ammeloe 69
48691 Vreden
Mobil: 0151-20157369
Mail: evelyngericks@yahoo.de
Web: www.creative-training.de
Individuelles Tiertraining mit Konzept! Positive Trainingsmethoden nach den Erkenntnissen der Wissenschaft. Ich biete: Hausbesuche & Einzeltraining bei Problemverhalten, Welpenschule, Olympic Dogs, Leinenaggression, Angsttraining u.v.m. Ich bin Expertin für Appenzeller Sennenhunde.

Deutscher Hundesportverband e.V. (DHV)
Nordstraße 14a
06886 Wittenberg

Deutscher Verband für Gebrauchshundsportvereine e.V. (DVG)
Ennertsweg 51
58675 Hemer

Hundekolleg Münsterland
Ebbinghoff 4
48624 Schöppingen
Tel.: 02555-9289919
Fax: 02555-9289920
Mail: info@hundekolleg-muensterland.de
Web: www.hundekolleg-muensterland.de
Ganzjährig indoor und outdoor: Seminare, Grundausbildung, Verhaltenstraining und Freizeit mit Hund in Kleingruppen.

Internationaler Berufsverband der Hundetrainer/innen e.V. (IBH)
Schopfheimer Straße 1
79115 Freiburg
Tel.: 0761-76602000
Mail: info@ibh-hundeschulen.de
Web: www.ibh-hundeschulen.de

leben mit hund
Verhaltensberatung & Hundeerziehung
Nadja Ahlers
Zertifizierte Hundetrainerin und Verhaltensberaterin (Tierärztekammern Schleswig-Holstein und Niedersachsen)
Tel.: 05455-5569370
Mobil: 0160-92863004
Web: www.leben-mit-hund.de
Alltagsorientiertes, artgerechtes und individuelles Hundetraining vom Welpen bis zum problematischen Hund.

Praxis für Hundepsychologie und Verhaltenstraining
Annegret Dörholt
Mathias-Niehaus-Straße 5
49219 Glandorf-Schwege
Tel.: 05426-9059197
Mobil: 0170-2056091
Mail: hundepsychologie.glandorf@web.de
Web: www.hundepsychologie-glandorf.de
Hundetraining & Haustierbetreuung

Ralfs DogMobil
Via Salza Irpina 17
46499 Hamminkeln
Tel.: 02852-508582
Mail: ralf@ralfs-dogmobil.de
Web: www.ralfs-dogmobil.de

STELLA CANIDA
Hundeerziehung & Verhaltensberatung
Susanne Janz-Eisenmann
Auf den Höfen 19
46286 Dorsten-Lembeck
Tel.: 02369-2056210
Fax: 02369-2056211
Mail: info@stella-canida.de
Web: www.stella-canida.de
Individuelles Training für Mensch & Hund - für ein entspanntes Zusammenleben. „Nasenarbeit" als artgerechte Beschäftigung.

Verband für das Deutsche Hundewesen (VDH)
Westfalendamm 174
44141 Dortmund
Tel.: 0231-565000
Web: www.vdh.de

Gassi & Co. / Reise & Verkehr

4Pfoten - Urlaub
Ihr Urlaub mit Hund(en)
Sylvia und Jörg Hain
Auf der Bult 1
31683 Obernkirchen
Mail: sylvia-hain@t-online.de
Web: www.4pfoten-urlaub.de
Wir bieten Ihnen hundefreundliche Urlaubsdomizile für einen entspannten Urlaub mit Ihrem Vierbeiner.

Hundebetreuungsservice „Gassikutsche"
Anke Krinke
Eschweg 44
46325 Borken
Tel.: 02861-903116
Web: www.gassikutsche.de

Jackys Farm - Hundepension
Tim Julius
Hahnsweg 77
48301 Nottuln-Darup
Tel.: 02502-2243731
Mobil: 0160-90629168
Mail: info@jackys-farm.de
Web: www.jackys-farm.de
Facebook: www.facebook.com/JackysFarm
DIE Hundepension im Münsterland! Für unsere Hundegäste stehen ca. 5000 qm zur Verfügung - sogar mit "eigenem" Wald.

Gesetz & Ordnung / Politik & Soziales

Futterhilfe Münster
Alfred-Krupp-Weg 52
48153 Münster.
Tel.: 01573-4693827
Web: www.futterhilfe-muenster.de

Service- und Ordnungsdienst Münster
Stadthaus 1
Klemensstraße 10
48143 Münster
Tel.: 0251-4921111
Mail: service_ordnung@stadt-muenster.de
Web: www.muenster.de

Versicherung & Schutz

Agila Haustierversicherung AG
Breite Straße 6-8
30159 Hannover
Tel.: 0511-71280383
Mail: info@agila.de
Web: www.agila.de

TASSO-Haustierzentralregister für die Bundesrepublik Deutschland e.V.
Frankfurter Str. 20
65795 Hattersheim
Tel.: 06190-937300
Mail: info@tasso.net
Web: www.tasso.net

Uelzener Allgemeine Versicherungsgesellschaft a.G.
Veerßer Straße 65/67
29525 Uelzen
Tel.: 0581-80700
Mail: info@uelzener.de
Web: www.uelzener.de

Gesundheit & Wellness

Bundesverband der beamteten Tierärzte e. V.
Geschäftsstelle
In der Au 1
96260 Weismain

Bundesverband Praktizierender Tierärzte e.V.
Hahnstraße 70
60528 Frankfurt am Main

Hundesalon felleganz
Frauke Vaqué
Am Hof Hesselmann 6
48163 Münster
Tel.: 0251-41913071
Mobil: 01522-1973561
Web: www.felleganz.de

Tierheilpraxis Küppershof
THP Sabine Schulten
Borggraf 3
46499 Hamminkeln-Brünen
Tel.: 02856-2106
Mail: schulten-kuepper@freenet.de
Web: www.tierheilpraxis-kueppershof.de

Tierwuensche
Daniela Künnemann
Sachsstraße 1
48431 Rheine
Tel. 05971-8008993
Mail: info@tierwuensche.de
Web: www.tierwuensche.de
Mobile Praxis für Tierpsychologie und

Tierhomöopathie:
individuelle Beratung und Betreuung, Training, Anschaffungsberatung

Verband freier Tierheilpraktiker e.V.
Auestraße 99
27432 Bremervörde

Shopping Lifestyle / Leben & Arbeiten

Brenda's Shop
Inh. Angelika Kipp
Altenberger Str. 9
48329 Havixbeck
Tel.: 02507-982185
Fax: 02507-988955
Mail: info@brendas-shop.de
Web: www.brendas-shop.de

BRH Rettungshundestaffel Münsterland e.V.
Dalbroms Krüüs 54
46359 Heiden
Tel.: 02541-84480
Mobil: 0176-51295744
Web: www.rettungshundestaffel-muensterland.de

BRH Bundesverband Rettungshunde e.V.
Lindhagenweg 20
46569 Hünxe

Deutscher Berufsverband für Therapie- und Behindertenbegleithunde e.V. (DBTB)
Am Bahnhof 6
59514 Welver-Borgeln

DLRG Ortsgruppe Ahaus e. V.
Schützenstraße 22
48683 Ahaus
Tel.: 02561-302779
Mail: info@ahaus.dlrg.de
Web: www.ahaus.dlrg.de

Feine Dame
Schöne Dinge für Hund und Halter
Anne Rademacher
Eisenbahnstr. 11
48143 Münster
Tel.: 0251-62561700
Fax: 0251-62561701
Mail: post@feinedame.de
Web: www.feinedame.de

Kölle-Zoo Münster
Robert-Bosch-Straße 2-4
48153 Münster
Tel.: 0251-27077730
Fax: 0251-27077731
Mail: muenster@koelle-zoo.de
Web: www.koelle-zoo.de

Magical Dreams
Svenja Ache
Im Kirschgarten 31
48157 Münster
Tel.: 0176-62032507
Mail: info@magical-dreams.de
Web: www.magical-dreams.de

Mellow Bello
Online-Shop
Dockenhudener Straße 4-6
22587 Hamburg
Tel.: 040-86628200
Mail: info@mellow-bello.de
Web: www.mellow-bello.de
Bunt, individuell, nachhaltig und tierisch nett – in dog we trust! Ihr hundefreundliches Team von Mellow Bello

PAK Hundetrainer
Nina Weiche
Merveldtstr. 8
45772 Marl
Tel.: 02365-931620
Mail: hundepsychologie.weiche@yahoo.de
Web: www.pak-hundetrainer.de

WILD HAZEL
Die Gassitasche
Julia Kothes & Sabine Kirschner, GbR
Walkmühlstraße 89
65195 Wiesbaden
Tel.: 0611-98815780
Fax: 0611-98875143
Mail: info@wild-hazel.de
Web: www.wild-hazel.de

Gott & die Hundewelt / Trauer & Tod

Tiere anders behandeln – Sterbebegleitung für Tiere
Tina Hillebrand
Tel.: 02054-874120
Mail: post@tiere-anders-behandeln.de
Web: www.tiere-anders-behandeln.de

Tierfriedhof Münster
Sudmühlenstraße 167
48157 Münster

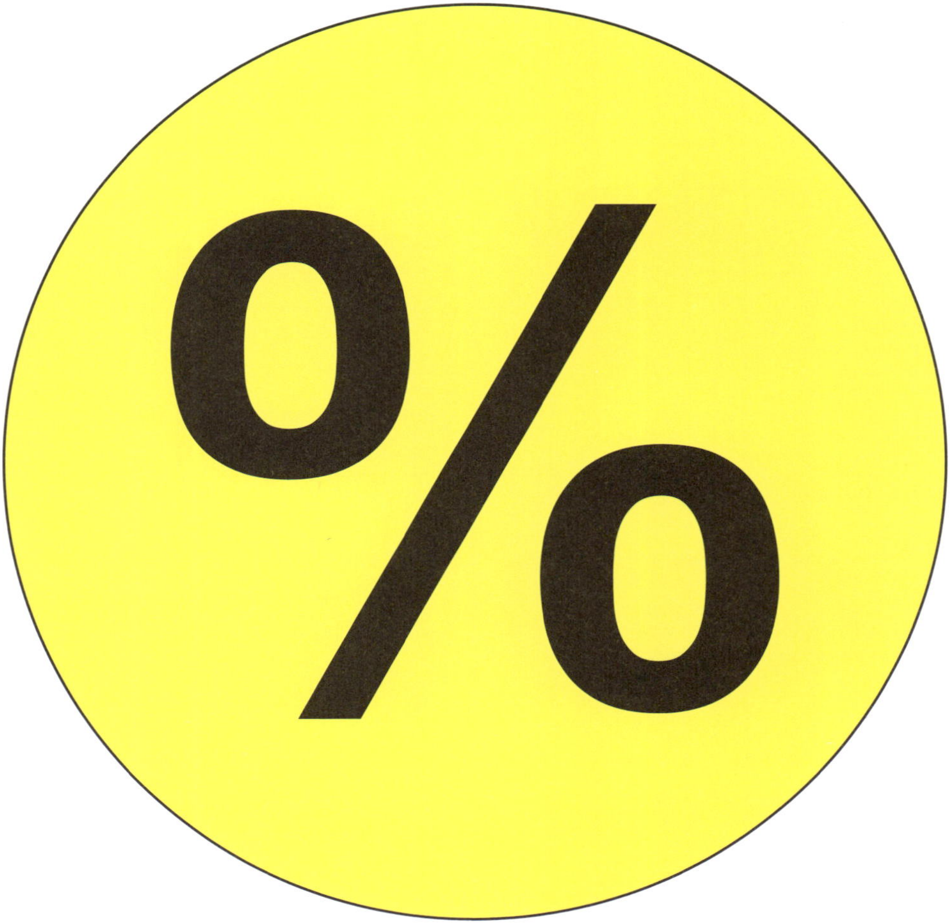

Rabatt-coupons

Sparen Sie mit den Aktionsangeboten
unserer Rabattcoupons!

%

Rabattcoupons

FRED&OTTO

Rabattcoupons

Edenfood
Aus Liebe zum Tier

4 für 3 - Überzeugen Sie sich und Ihren Vierbeiner von Edenfood!

Beim Kauf von 3 Gläsern Edenfood BIO-Menü für den Hund schenken wir Ihnen ein weiteres Menü in BIOLAND Qualität!

Einlösbar gegen Vorlage dieses Coupons bei Feine Dame | Eisenbahnstraße 11 | 48143 Münster

Bioland
DE-ÖKO-037
Deutsche Landwirtschaft

Mehr über Edenfood
www.edenfood.de | www.facebook.de/edenfood.de

Ihr Tier. Ihr Juwel!

Susanne Beckmann

Schmuck aus den Haaren Ihres Tieres
www.IhrTier-IhrJuwel.de

Fühlbare Erinnerungen und spürbare Begleiter
Tierhaarschmuck

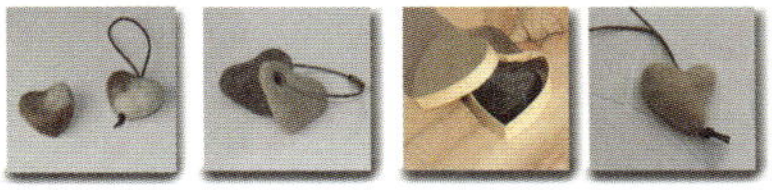

Ihr Tier. Ihr Juwel!

Susanne Beckmann
Theodor-Otte-Str. 77 f, 45897 Gelsenkirchen
0173 83 75 311, www.IhrTier-IhrJuwel.de

Bei Vorlage dieses Coupons erhalten Sie zu Ihrem Schmuckstück bei Eignung der Tierhaare ein Fellherz aus den Haaren Ihres Hundes oder wahlweise den Versand frei

---

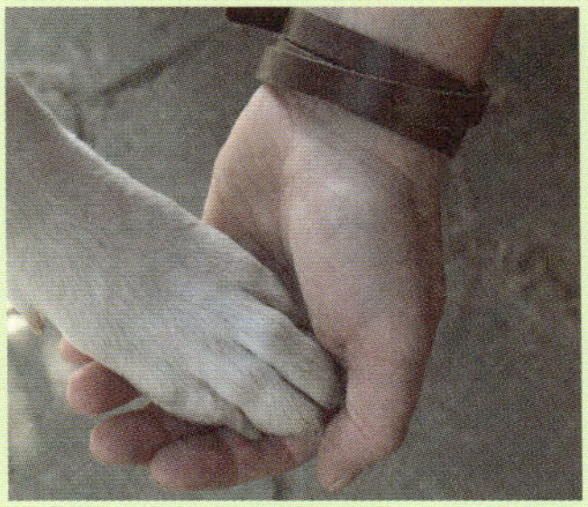

Praxis für Hundepsychologie und Verhaltenstraining
Annegret Dörholt
Mathias-Niehaus-Straße 5
49219 Glandorf-Schwege
Mobil: 0170-2056091
Web: www.hundepsychologie-glandorf.de

Einmalig 20% Rabatt auf ein Erstgespräch.

%

Rabattcoupons

FRED&OTTO

FRED&OTTO

FRED&OTTO

Rabattcoupons

%

Rabattcoupons

FRED&OTTO